食用菌加工理论与技术研究

刘主 著

中国纺织出版社有限公司

图书在版编目(CIP)数据

食用菌加工理论与技术研究 / 刘主著. -- 北京：
中国纺织出版社有限公司，2022.10

ISBN 978-7-5180-9928-3

Ⅰ. ①食… Ⅱ. ①刘… Ⅲ. ①食用菌－蔬菜加工－研
究 Ⅳ. ①TS255.5

中国版本图书馆 CIP 数据核字(2022)第 190000 号

责任编辑：张　宏　　　责任校对：王蕙莹　　　责任印制：储志伟

中国纺织出版社有限公司出版发行
地址：北京市朝阳区百子湾东里 A407 号楼　邮政编码：100124
销售电话：010—67004422　传真：010—87155801
http://www.c-textilep.com
中国纺织出版社天猫旗舰店
官方微博 http://weibo.com/2119887771
三河市宏盛印务有限公司印刷　各地新华书店经销
2022 年 10 月第 1 版第 1 次印刷
开本：787×1092　1/16　印张：11.25
字数：216 千字　定价：89.90 元

前　　言

食用菌是集营养、保健于一体的绿色健康食品,具有较高的食用和药用价值。食用菌中含有组成蛋白质的18种氨基酸和人体所必需的微量元素,含有丰富的蛋白质,其蛋白质和氨基酸含量是一般水果、蔬菜的几倍甚至几十倍。食用菌脂肪含量较低,且其中74%～83%的不饱和脂肪酸对人体健康有益。食用菌还含有维生素,其中,维生素B_1、维生素B_2含量均较高。

我国食用菌加工以盐渍、烘干、制作罐头等粗加工为主要方式,而食用菌深加工还处于起步阶段。

本书对食用菌加工技术进行了研究,第一章阐述了食用菌的生物学特征;第二章阐述了食用菌加工的发展现状及未来趋势;第三章阐述了食用菌加工理论概述;第四章阐述了食用菌加工技术;第五章阐述了食用菌的加工;第六章阐述了食用菌现代深加工技术与方法;第七章阐述了食用菌深加工之风味物质的分析方法;第八章阐述了食用菌深加工的开发技术。

本书在撰写过程中得到了许多热心朋友和同志的帮助、支持,书中引用了大量科研成果和文献资料,在此对相关研究人员一并深表感谢。因作者水平有限,时间仓促,书中难免有不足之处,请各位读者给予指正。

作　者
2022 年 8 月

目　　录

绪　论 ……………………………………………………………………………… 1

第一章　食用菌的生物学特征 ……………………………………………… 11

第一节　食用菌的形态特征 ………………………………………… 11

第二节　食用菌的生理特征 ………………………………………… 18

第三节　食用菌的生长发育 ………………………………………… 19

第四节　食用菌的繁殖与生活史 …………………………………… 23

第五节　食用菌分类与毒菌 ………………………………………… 26

第二章　食用菌加工的发展现状及未来趋势 …………………………… 31

第一节　食用菌加工的发展现状 …………………………………… 31

第二节　食用菌加工的未来趋势 …………………………………… 36

第三章　食用菌加工理论概述 …………………………………………… 39

第一节　食用菌加工的重要意义 …………………………………… 39

第二节　食用菌加工的主要形式 …………………………………… 40

第三节　食用菌加工企业分类 ……………………………………… 41

第四节　科学选址建厂的必要条件 ………………………………… 48

第四章　食用菌加工技术 ………………………………………………… 50

第一节　食用菌加工现状 …………………………………………… 50

第二节　食用菌的保鲜加工 ………………………………………… 53

第三节　食用菌干制加工技术 ……………………………………… 59

第四节　食用菌腌制加工技术 ……………………………………… 62

第五节　食用菌罐头加工技术 ……………………………………… 64

第五章　食用菌的加工 …………………………………………………… 67

第一节　食用菌产品的采收与标准化分级 ………………………… 67

第二节　食用菌的高渗浸渍 ………………………………………… 75

第三节　食用菌休闲与调味食品加工 ……………………………………… 78

第四节　食用菌的深加工 …………………………………………………… 84

第六章　食用菌现代深加工技术与方法 ……………………………… 86

第一节　深层发酵技术 ……………………………………………………… 86

第二节　超微粉碎技术 ……………………………………………………… 89

第三节　热泵干燥技术 ……………………………………………………… 92

第四节　真空冷冻干燥技术 ………………………………………………… 95

第五节　挤压膨化技术 ……………………………………………………… 99

第六节　闪式提取技术 ……………………………………………………… 101

第七章　食用菌深加工之风味物质的分析方法 ……………………… 103

第一节　食用菌香气物质的分析方法 ……………………………………… 103

第二节　食用菌呈味物质的分析方法 ……………………………………… 115

第三节　食用菌风味的现代感官评价方法 ………………………………… 132

第八章　食用菌深加工的开发技术 …………………………………… 143

第一节　食用菌虫草营养米的开发技术 …………………………………… 143

第二节　食用菌菇精调味料的开发 ………………………………………… 149

第三节　食用菌菌菇方便汤块的开发技术 ………………………………… 156

第四节　食用菌果糕片的开发技术 ………………………………………… 163

参考文献 ……………………………………………………………………… 170

绪　论

食用菌是可以食用或药用的大型真菌的统称。人们平时吃的平菇、香菇、银耳等，都是食用菌。食用菌既是一种独特的菌类蔬菜，也是一种重要的菌类药材，是食品和制药工业的重要资源。我国栽培和利用食用菌的历史悠久，自然植被的种类繁多，菌类资源及用于食用菌人工栽培的工、农业副产品丰富，具有发展食用菌产业极为有利的条件。

一、食用菌的概念及生物学分类地位

1. 食用菌的概念

食用菌是能形成大型肉质或胶质的子实体或菌核类组织，并能供人们食用或药用的大型真菌。

常见的食用菌如香菇、平菇、猴头菌、黑木耳、银耳、金针菇、双孢菇、鸡腿菇、杏鲍菇、白灵菇、姬松茸等。它们都具有较高的营养价值，历来被列为宴席上的美味佳肴。

常见的药用菌有灵芝、冬虫夏草、茯苓、马勃、竹荪、天麻、姬松茸、羊肚菌等。它们都有一定的药用价值，在我国中药宝库中一直是治病的良药。

2. 食用菌的生物学分类地位

最早的生物分类系统是两界学说，在这个系统中，真菌被划为植物界，是植物界里的一个亚门。随着人们对生物认识水平的提高，相继出现了三界学说、四界学说和五界学说。在三界学说中，真菌仍属于植物界。在四界学说中，真菌被划为原生生物界。直到五界系统诞生以后，真菌才独立成为真菌界。

两界系统（1753 年）：动物界、植物界；

三界系统（1860 年）：原生生物界、动物界、植物界；

四界系统（1956 年）：植物界、动物界、原始生物界、菌界；

五界系统（1969 年）：动物界、植物界、原生生物界、真菌界、原核生物界。

真菌界在生物分类中独立为一界，是分类学上的一大进展。五界学说的优点是有纵有横，既反映了纵向的阶段系统发育，又反映了横向的分支发展，能够比较清晰地说明植物、动物和真菌的演化情况。真菌界的主要类群包括酵母菌、霉菌和大型真菌。食用菌主要分布在真菌界的担子菌门和子囊菌门。

食用菌种类多、分布广，与人类的生活密切相关，在自然界中占有重要的地位。有研究统计显示，目前自然界中现存的真菌大约有 20 万～25 万种，能形成大型子实体的真菌约有 14 000 种，其中可以食用的有 2 000 多种。中国已报道的食用真菌将近 1 000 种，其中已被食用的大约有 350 种，具有传统药用价值的达 300 多种。能够人工栽培的有 92 种，商业化栽培的 30 多种。当然，新的菌种还在不断地被发现。多数食用菌是菜肴中的珍品，因此，也可以说食用菌是一类菌类蔬菜。

食用菌与动植物及其他微生物相比具有不同的特点，概括如下。

（1）食用菌没有根、茎、叶，不含叶绿素，不能通过光合作用制造营养，依靠共生、寄生或腐生的生活方式来生存。

（2）食用菌的细胞壁大多由几丁质和纤维素等物质组成，有真正的细胞核，这是与细菌、放线菌的鲜明区别。

（3）食用菌细胞中储藏的养料是真菌多糖和脂肪，而不是绿色植物中的淀粉。

（4）食用菌的大多数菌丝体由分支或不分支的细胞组成，菌丝体不断繁殖发育形成新的子实体，能产生孢子并能进行有性和无性繁殖，可连续不断地繁殖后代。

二、食用菌的价值

（一）食用菌的食用价值

食用菌具备三个功能：①营养功能。能提供蛋白质、糖类、脂肪、矿物质、维生素及其他生理活性物质。②嗜好功能。色香味俱佳，口感好，可以刺激食欲。③生理功能。有保健作用，可参与人体代谢，维持、调节或改善体内环境的平衡，提高人体免疫力，增强人体防病治病的能力，从而达到延年益寿的效果。④文化功能。在世界各地，只要有华人，就有黑木耳的传统食用方法，人们把食用黑木耳作为思念故乡和对祖国文化的怀念。提到灵芝，人们就会联想到《白蛇传》中白素贞盗取灵芝仙草救活许仙的爱情故事等。

从所含各种营养物质的比例和质量来看，食用菌是高蛋白、低脂肪、低热量、富含多种矿物质元素和维生素的功能性食品。

1. 蛋白质

一般食用菌中蛋白质含量，按干重计算，通常为 19%～35%，而稻米仅含 7.3%，小麦为 13.2%，大豆为 39.1%，牛奶为 25%；按湿重计算，食用菌中蛋白质含量平均约为 3.5%，比芦笋和卷心菜高 2 倍，比柑橘高 4 倍，比苹果高 12 倍，而白萝卜只含 0.6%，大白菜只含 1.1%，鲜牛乳 2.8% ~ 3.4%。因此，食用菌的蛋白质含量虽低于动物肉类食品，但却高于其他大多数食物甚至包括牛奶。大力发展食用菌产业，是解决世界性粮食不足，特别是严重缺乏蛋白质的有效途径。

目前食品中蛋白质含量的测定一般采用凯氏定氮法，用测得的总氮量乘以 6.25 得到蛋白质的含量。由于食用菌中含有较多的非蛋白氮，计算食用菌中蛋白质含量一般以乘以 4.38 为宜。

食用菌中蛋白质的消化率较高，大约 70% 在人体内消化酶的作用下，分解成氨基酸被人体所吸收，如蘑菇干粉蛋白质超过 42%，蛋白质消化率高达 88.3%。

通常栽培的食用菌含有 18 种氨基酸，其中包括人类所需的 8 种必需氨基酸。大多食用菌中必需氨基酸占氨基酸总量的 40% 以上，符合联合国粮农组织对优质食品的定义。食用菌还含有多种呈味氨基酸，使之具有诱人的鲜味。

2. 脂肪

不同食用菌的脂肪含量占其干重的 1.1% ~ 8.3%，平均为 4%。食用菌有三个突出的特点：①脂肪含量低，低热量，但天然粗脂肪齐全，包括游离脂肪酸和一酰甘油、二酰甘油、三酰甘油、甾醇、甾醇酯、磷酸酯等。②非饱和脂肪酸含量高，且以亚油酸为主。目前所栽培的几种主要食用菌的非饱和脂肪酸含量约占总脂肪酸的 72%。③植物甾醇尤其是麦角甾醇含量较高。麦角甾醇是维生素 D 的前体，它在紫外线照射下可转变为维生素 D_2，可促进钙的吸收，预防佝偻病、软骨病。

3. 糖类

糖类（不确切的称呼是"碳水化合物"）是食用菌中含量最高的组分，一般占干重的 50% ~ 70%。其中，营养性糖类含量为 2% ~ 10%，包括海藻糖（菌糖）和糖醇。这两种糖是食用菌的甜味成分，它们经水解生成葡萄糖被吸收利用。食用菌中的可溶性多糖成分具有多种生理活性，尤其是具有抗肿瘤作用。

食用菌糖类中戊糖胶的含量一般不超过 3%，但银耳、木耳的戊糖胶含量较高，银耳中戊糖胶占其糖类中的 14%。戊糖胶是一种黏性物质，具有较强的吸附作用，可以帮助人体将有害的粉尘、纤维排出体外。

食用菌中还含有丰富的糖原和甲壳素，后者是食用菌膳食纤维的主要成分，膳食纤维包括纤维素、半纤维素、木质素及果胶、藻胶、甲壳素等，膳食纤维虽不能被人体所吸收，但具有多种保健功能。

平菇含有 7.4% ~ 27.6% 的纤维素成分，双孢蘑菇为 10.4%。高纤维素膳食可减少糖尿病人对胰岛素的需求，并稳定患者的血糖浓度。

随着我国城乡居民生活水平的逐渐提高，食物精细化程度越来越强，动物性食物所占比例大大增加，而膳食纤维的摄入量却明显降低，所谓"生活越来越好，纤维越来越少"。

由此导致一些所谓"现代文明病",如肥胖症、糖尿病、高脂血症等以及一些与膳食纤维过少有关的疾病,如肠癌、便秘、肠道息肉等发病率日渐增高,故食用菌摄取习惯的养成,有利于缓解这一状况。

4. 维生素

食用菌含有多种维生素,如维生素 A、B 族维生素、维生素 C、叶酸等,特别是维生素 B_1、维生素 B_2、维生素 B_{12}、麦角甾醇、烟酸等的含量比其他植物性食品高得多。

在干重情况下,子实体中维生素 B_1 含量,草菇为 0.35 mg/g,双孢蘑菇为 1.14 mg/g,香菇为 7.8 mg/g;维生素 B_2 含量,草菇为 1.63 ~ 2.98 mg/g,双孢蘑菇和香菇为 5.0 mg/g。

胶质菌的胡萝卜素、维生素 E 含量高于肉质菌,肉质菌中的草菇、香菇维生素总量高于胶质菌。

5. 矿物质

食用菌含有多种矿物质元素。子实体中含有钙、镁、磷、硫、钾、钠等大量元素,其中伞菌子实体中钾和磷含量最为丰富。食用菌还含有铁、铜、锰、锌等微量元素,铁的含量最高,锌与锰含量也较为丰富。

一般每 100 g 鲜菇中含有 0.5 ~ 1.2 g 人体所需要的矿物质,它是蔬菜的 2 倍,特别是钾、磷含量较高,在鲜菇灰分中钾占 50% ~ 60%,是重要的碱性食品,可中和胃酸,对高血压患者十分有益。食用菌中所含有的钙、铁、锌等元素易被人体吸收。因此,多吃食用菌可以减少矿物质缺乏症。

6. 核酸

微生物的特点是核酸含量较高,常见食用菌的核酸含量见表 1。

表 1　四种食用菌的核酸含量（干重）　　　　　　　　　　　　　　　　单位:%

种类	DNA	RNA	核酸总量
双孢蘑菇	0. 17 ± 0.01	249 ± 0.08	2.65
鲍鱼菇	0.37 ± 0.02	2.56 ± 0.10	2.93
凤尾菇	0.21 ± 0.02	3.85 ± 0.05	4.06
草菇	0.29 ± 0.01	3.59 ± 0.20	3.88

核酸可促进细胞的新陈代谢,达到细胞水平的年轻化,具有广泛的营养保健作用。核酸三大益生功能为:①抗氧化性、抗紫外吸收性。有利于美容养颜,减少皱纹和青春痘。②助长性。维持细胞的生长发育,修复衰老细胞。③抗衰老、防病治癌。防治头发变白,增强机体免疫力,降低体内胆固醇含量,提高呼吸功能,有助于防治心脏病、白内障、糖尿病、关节炎等多种疾病。

核酸经消化吸收后,嘌呤化合物成分经分解产生尿酸,一般完全由尿排出,不在身体某些关节处积累，但对个别嘌呤代谢障碍的人，尿酸积累多了，可能会导致痛风病。痛风患者、血尿酸高者、肾功能不全者不宜多食核酸含量丰富的食物。

联合国的蛋白质顾问组建议，成人摄入核酸的安全限量为每日 4 g，而从微生物食品中摄入的核酸不能超过 2 g。在常见的食用菌中，凤尾菇核酸含量相对较高，占干重的 4.06%，占湿重的 0.51%。即使如此，每人每天食用 392.5 g 鲜凤尾菇也是安全的。据统计，2010 年我国居民每人每天平均消费食用菌 45.3 g，392.5 g 鲜凤尾菇是平均消费量的 8.7 倍。如食用核酸含量低的其他食用菌，摄入量可以再放宽些，经烹煮后的食用菌子实体可以再多食 20%，因此，健康人群作为日常蔬菜食用时，不必限制摄入食用菌的量。

（二）食用菌的药用价值

高等真菌被作为药物，在我国已有悠久的历史，它不但是天然药物资源的一个极为重要的组成部分，而且已成为当今探索和发掘抗癌药物的重要领域，食用菌的主要药理作用简要介绍如下。

1. 抗肿瘤作用

猪苓、香菇、侧耳、云芝、灵芝、茯苓、银耳、冬虫夏草、猴头菇等真菌的多糖对某些肿瘤有一定的治疗作用。香菇多糖、猪苓多糖能抑制小鼠肉瘤 180 的增殖。猴头菇多糖在治疗胃癌、食道癌方面起一定作用。

2. 抗菌作用

在食用菌菌种培养过程中，在菌管、菌瓶和菌袋上出现抑菌线或抑菌圈，这是由于食用菌产生的抗生素起了作用，这些食用菌产生的抗生素对革兰氏细菌、分枝杆菌、噬菌体和丝状真菌具有不同程度的抑制作用。银耳、冬虫夏草、蜜环菌、竹黄菌均有一定的抗菌消炎作用。

3. 抗病毒作用

香菇生产者、经营者和常吃香菇的人不易患感冒，这可能是香菇含有的双链核糖核酸诱生干扰素增强人体免疫力的缘故。灵芝、香菇在预防和治疗肝炎等病毒性疾病方面有一定的作用。双孢蘑菇多糖也具有抗病毒的活性。

4. 降血压、降血脂作用

香菇、双孢蘑菇、木耳、金针菇、凤尾菇、银耳等含有香菇素、酪氨酸酶、酪氨酸氧化酶等物质，具有降血压、降胆固醇的作用。香菇素又称腺苷，是一种由腺嘌呤和丁酸组成的核苷酸类物质，多吃香菇能降低胆固醇含量，具有一定的治疗高血压和动脉粥样硬化症的功效。

5. 抗血栓作用

黑木耳含有一种阻止血液凝固的物质，毛木耳中含有腺嘌呤核酸，是阻碍血小板凝固的物质，可抑制血栓形成。经常食用毛木耳，可减少动脉粥样硬化病的发生。

6. 镇静、抗惊厥作用

猴头菇有镇静作用，可治疗神经衰弱。蜜环菌发酵物有类似天麻的药效，具有中枢镇静作用。茯神的镇静作用比茯苓强，可宁心安神，治心悸失眠。

7. 保肝、护肝作用

多数食用菌都有很好的保肝作用。双孢蘑菇制成"健肝片"，以亮菌为原料制成的"亮菌片"，都是治疗肝炎的药物。香菇多糖对慢性病毒性肝炎具有一定的治疗效果。灵芝能促进肝细胞蛋白质的合成。云芝、槐栓菌、亮菌、树舌、猪苓等在治疗肝炎方面也有一定作用。

8. 代谢调节作用

紫丁香蘑子实体含有维生素 B_1，有维持机体正常糖代谢的功效，可预防脚气病；鸡油菌子实体含有维生素 A，可预防视力失常、眼炎、夜盲、皮肤干燥，也可治疗某些消化道、呼吸道疾病。

9. 其他作用

近年来的研究成果证明：鸡腿菇能降血糖，蘑菇能止痛，竹荪能治痢疾，猴头菇能消炎，金针菇有助于长高和增智，金顶侧耳能治疗肾虚、阳痿，阿魏侧耳能消积和杀虫等。这些都与食用菌中含有某些药效成分有关。

一些药用真菌，除对某种疾病有特殊的疗效以外，其作用往往是综合性的，不少药用真菌都有滋补强壮作用，如灵芝、冬虫夏草、香菇等。

许多药用真菌，既可以入药医治疾病，又是人们食用的美味佳肴，如黑木耳、香菇、银耳、金针菇、猴头菇、羊肚菌等，都可加工出许多可口的菜肴和保健食品。

(三) 食用菌的观赏价值

食用菌形态、色泽多样，具有很好的观赏价值。如灵芝自古以来就是吉祥如意的象征，被称为"瑞草"或"仙草"，并赋予其动人的传说。用灵芝做成的盆景，深受人们喜爱。金针菇亭亭玉立，婀娜多姿，常用来做观光农业中的观赏菌。

许多食用菌都有较高的观赏价值，随着社会需求的增加，其观赏价值将会更多地得到体现。

三、食用菌与生态文明建设

(一) 食用菌产业的定位

中国各类农产品的产值排名中食用菌排在第六位，仅次于粮食、蔬菜、油、棉花、水果，食用菌产业已成为提高农业产值的一个新兴产业。

食用菌产业的定位——农业中的第三产业（见图1）。

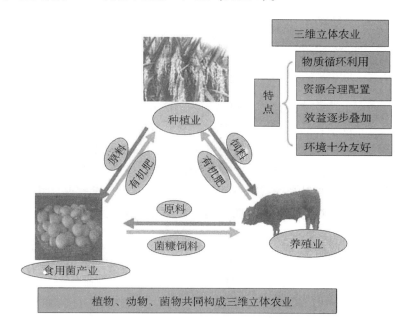

图1 食用菌产业定位示意图

1. 第一产业——种植业

主产品：大米、面粉、玉米、棉花、油料……

副产品：稻草、麦麸、玉米芯、棉籽壳、油菜秆……

2. 第二产业——养殖业

主产品：牛乳、牛肉、猪肉、鸡蛋、鸡肉……

副产品：牛粪、猪粪、鸡粪……

3. 第三产业——种菇业

主产品：各种美味健康、高附加值的菇类产品。

副产品：各种农林植物的有机肥料。

国家将食用菌产业定为高效农业、创汇农业、重点发展产业。

（二）食用菌产业特点

1. 原料广、利环保

培养基原料主要是农林产品下脚料或废弃物，这些下脚料或废弃物如秸秆、玉米芯、稻草、木屑等，假如处理不当，往往会污染环境，种植食用菌则变废为宝，变害为利，化腐朽为神奇。

2. 五不争、见效快

食用菌生产，不与人争粮、不与粮争地、不与地争肥、不与农争时、不与其他行业争资源；生长周期短，是理想的短、平、快项目；效益高，投入产出比一般为 1∶2。

3. 市场大、用途广

食用菌属于供不应求的紧俏产品，有潜在的巨大市场。食用菌将成为人类食物结构的重要组成部分，也是食品工业、制药工业、饲料工业的重要原料来源。

4. 菌糠俏、扔不掉

食用菌多资采收后的培养料称为菌糠。菌糠是优质饲料、可溶性养分高的肥料、制沼气的好原料，还可从中提取真菌多糖或再次用作培养料。

四、食用菌的标准化生产

2003 年 2 月，中国食用菌协会根据国内外食用菌产业现状，提出了实施食用菌标准化生产的意见。标准化生产包括：①食用菌产品生产环境的标准化。②投入品的标准化。③生产过程的标准化。④食用菌产品及加工品的标准化。⑤食用菌产品及其加工品的包装、储藏、运输、营销标准化。

在实施过程中，要以全面提高食用菌产品质量卫生安全水平为中心，通过健全体系、完善制度，对食用菌生产加工销售，实行"从农田到餐桌"的全过程管理监督，主要措施简要介绍如下。

1. 强化源头管理，净化产地环境

加强对食用菌产品产地环境的监测，及时防止生产环境污染，严禁使用未经处理的污水、废水，强化产品供水水质的管理。严防农药等农资投入品对生态环境和食用菌产品的污染。大力推广应用臭氧灭菌机、紫外线等物理方法进行消毒、灭菌、杀虫。

2. 严格投入品的管理

加强对限用、禁用农药等投入品的管理，严格执行农药等投入品禁用、限用目录及范围。大力推广应用环保型农资投入品，加快推广先进的病虫害综合防治技术，积极开发高效、低毒、低残留的农药等投入品，逐步淘汰高毒、高残留投入品品种，严肃查处生产、经营、使用国家禁止的农资投入品行为。做好技术培训，使生产者掌握并遵循安全生产的技术规程，减少有毒有害物质的残留。

3. 加强产品质量全程监测

生产基地和各类加工企业，要严格执行食用菌卫生管理制度、栽培操作规程、技术标准和产品质量标准。严格按照标准组织生产和加工，科学合理使用农药、添加剂等投入品。为实现食用菌无公害生产，必须对食用菌产品质量安全实行严格的全过程管理，全面开展产地环境、生产过程和产品质量监测。加大食用菌菌种生产和经营的监管力度，严格控制劣质菌种流入市场。

4. 加快质量标准体系建设

按照技术先进、符合市场需求和与国际标准接轨的要求，生产基地和生产、经营企业要尽快建立包括食用菌生产技术、加工、包装、储藏（保鲜）、运输等环节的质量标准体系。尤其需要加快建立食用菌产地环境、生产技术规范和产品质量安全标准体系，并不断完善配套。具有一定规模的生产、经营企业要采用先进的检验检测手段、技术和设备，建立严格的产品自检制度。各地各企业要逐步配备快速检测仪器设备，加强简便、快速、准确、经济的检验检测技术和设备的开发，进一步提高检验检测技术水平和能力。

5. 加大宣传力度

要加大对食用菌产品质量安全方面的有关政策、法规、标准、技术的宣传和培训，提高全行业产品质量安全意识，形成全社会关心、支持食用菌产品质量安全管理的氛围。

五、发展趋势

（1）向高效益发展。向高效益发展的特征是反季节栽培、立体化栽培，大力发展珍稀菌类。

反季节栽培、立体化栽培，可充分利用基础设施，有效调节市场供求，保证产品质量稳定、价格稳定；发展珍稀菌类有更大的利润空间。

随着我国经济的飞速发展，人们对珍稀菌类的需求也日益增大，如能抓住商机，增加科技含量，不断扩大珍稀食用菌生产，就能获得更高收益。

（2）向高质量发展。食品安全，全世界关注。作为食材的食用菌，必须安全、无公害，才能立于不败之地。因此，生产应实行标准化，减少农药、激素的使用，多采用物理、生物防治方法。

从生产食用菌培养料开始，到播种、发菌、出菇管理、采菇，以及加工、包装、储运、销售的全过程，只有严格遵循无公害的原则进行操作，才能生产出有竞争优势的高质量产品，实现食用菌产品有机、绿色、无公害的目标。

（3）向工厂化、规模化、专业化、产业化发展。未来我国劳动力和原料成本不断提高，将会促进食用菌产业生产模式从千家万户的手工作坊栽培方式走向自动化、机械化、工厂化栽培。

食用菌工厂化栽培是一种具有现代化农业特点的工业生产模式。工业技术的使用，在一个相对可控的环境设施条件下实行高效的机械化、自动化操作，可实现食用菌的规模化、智能化、标准化、集约化、周年化生产。

应根据我国食用菌产业的发展特点，开发适合工厂化生产的高效率、低能耗食用菌生产设备。结合现代网络技术，综合利用现代物联网及信息技术和环境调控设备，研发食用菌生产环境（温度、湿度、光照、CO_2 浓度）因子的远程智能控制技术，突破食用菌生产地域和季节环境的限制，建立远程中央信息环境因子监测控制中心，建立大数据环境信息库，实现食用菌产业工厂化的高效管理和科学生产。

（4）向增值化发展。食用菌以原料形式进入市场效益低，加工不仅能使其增值、延长货架期，而且可调节市场供求，促进食用菌产业健康可持续发展；加工技术层次越高，升值倍数就越大。

据测算，每生产1 kg 蘑菇，产值可以增加2~3倍，深加工可以增加10~20倍。当前，中国食用菌产业以初加工为主，辅以深度处理。初加工包括简单的细切、除尘以及除杂，包装后直接进入市场；辅助的处理是指在初加工完成的基础上，简单的处理（糖浸出、盐浸、膨化等）生产低糖蘑菇、食用菌罐头食品、休闲食品以及即时食品等。食用菌深加工是将已经预处理的食用菌产品，通过特定的加工工艺生产菌类产品的高新技术，如食用菌健康产品、食用菌休闲食品以及食用菌饮品的生产。

应大力发展食用菌加工业，使食用菌生产从传统粗放型经营转向集约化经营，发展以深加工、精加工为主体的食用菌加工业。精加工的重点是开发保鲜期长的真空低温、速冻等制品，深加工的重点是开发高附加值的相关产品，如药品、保健品和化妆品等，从而使食用菌产业的经济效益提升到更高水平。

第一章 食用菌的生物学特征

食用菌是能够形成大型肉质或胶质子实体，并能供人们食用或药用的一类大型真菌的总称，俗称菇、蕈、芝、耳等，或把食用菌统称为蘑菇。随着真菌分类系统的逐渐完善，食用菌的名称也越来越科学，许多种类的食用菌均有了确切的名称，如香菇、双孢蘑菇、金针菇、黑木耳、银耳、草菇、竹荪、松茸和牛肝菌等。

第一节 食用菌的形态特征

狭义的食用菌属于真菌门的子囊菌亚门和担子菌亚门，其中子囊菌亚门种类较少，常见的如冬虫夏草、羊肚菌、马鞍菌、块菌等属于此亚门；担子菌亚门种类较多，常见的食用菌中大约90%以上都属于担子菌亚门，如平菇、香菇、金针菇、草菇、木耳、银耳、猴头菇、灵芝等。

食用菌由生长在基质内部的菌丝体和生长在基质表面的子实体两部分组成。食用菌中，以担子菌亚门中的伞菌目种类最多，资源最为丰富，下面以伞菌为主，介绍其形态结构。

一、菌丝体的形态结构

菌丝体是由无数纤细的管状菌丝交织而成的网状体或丝状体，是食用菌的营养器官。在显微镜下观察，菌丝无色透明，管状，有竹节状横隔，菌丝依靠尖端细胞不断分裂和产生分支而伸长。菌丝由孢子萌发产生，按其发育过程和生理作用可以分为以下三种类型。

（一）初生菌丝

直接由担孢子萌发，初期无隔多核，很快产生隔膜把菌丝分成单核细胞，因此我们常称之为单核菌丝或一级菌丝。初生菌丝通常比较纤细，生长速度慢，不能形成子实体，在生活史中存在时间较短，主要依靠储藏在孢子中的营养生长。初生菌丝之间很快地互相交接，形成次生菌丝。

（二）次生菌丝

次生菌丝也称二级菌丝，是由性别不同的两个初生菌丝结合，经过质配而形成的菌丝，因其含有两个核，又被称为双核菌丝。一般比初生菌丝粗壮，吸收能力强，生长速度快，呈绒毛状，是结实性菌丝体。

双核菌丝是食用菌菌丝的主要存在方式。人工播种用的菌种及培养料中的菌丝，主要是由次生菌丝组成，次生菌丝发育到一定阶段，在适合的环境条件下，可形成子实体。

大多数食用菌的双核菌丝的顶端细胞常发生锁状联合，锁状联合是担子菌特有的一种细胞分裂。通过锁状联合，一个双核细胞变为两个双核细胞。

锁状联合产生过程：先在双核菌丝顶端细胞的两核之间的细胞壁上产生一个喙状小突起，似极短的小分支，分支向下弯曲，其顶端与细胞的另一处融合，在显微镜下观察，恰似一把锁，故称锁状联合。与此同时，发生核的变化，首先是细胞的一个核移入突起内，然后两个核各自进行有丝分裂，形成 4 个子核，两个在细胞的上部，1 个在短分支内。这时在锁状联合突起的起源处先后产生了两个隔膜，把细胞一隔为二。突起中的一个核随后也移入一个细胞内，从而构成两个双核细胞（见图 1 - 1）。

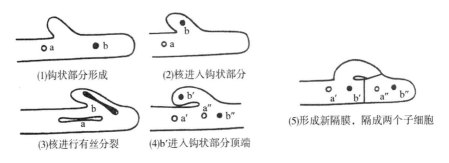

(1)钩状部分形成　　　(2)核进入钩状部分

(3)核进行有丝分裂　　(4)b'进入钩状部分顶端

(5)形成新隔膜，隔成两个子细胞

图 1 - 1　锁状联合形成过程

但这并不意味着所有的担子菌都有锁状联合，香菇、木耳、银耳、灵芝等菌类的次生菌丝有锁状联合，双孢蘑菇、草菇、红菇、蜜环菌等菌类则没有锁状联合。在真菌分类上有无锁状联合是担子菌亚门各科属分类的重要依据之一。

（三）三生菌丝

三生菌丝又称分化菌丝，是由次生菌丝进一步发育成的已组织化的菌丝。其结构细密，高度组织化，已不能吸收营养，只具有输送养料和支撑生长的作用。如具有一定排列、一定结构聚集形成菇、耳子实体的双核菌丝，又称为结实性双核菌丝。此外，食用菌采收后菌柄基部的须状物也是三生菌丝。

二、菌丝体的特殊结构

食用菌的菌丝在长期繁衍进化过程中，对不同的生长环境已具有较强的适应能力，从而产生一些特殊结构，或被称为变态组织。

（一）菌丝束

大量菌丝平行排列在一起，组成白色、粗而略有分支的束状物称菌丝束。在人工制作菌种时有些栽培种中经常见到这类形状的菌丝。如双孢蘑菇的子实体基部常带有一些白色的粗丝状物，这就是菌丝束。与菌索相似，但没有甲壳状外层，具有输送营养的作用。

（二）菌索

食用菌的菌丝体缩合交织在一起形成绳索状的组织称为菌索。菌索的外表皮是由菌丝分化形成的较紧密的组织，一般颜色较深，常角质化，对不良环境有较强的抵抗能力。菌索顶端分化为生长点，可不断延伸，长数厘米到几米不等，遇适宜环境条件可进一步发育形成子实体。菌索还具有输送养分的作用，如药用天麻的发育就是依靠蜜环菌菌索输送养分。

（三）菌核

有些真菌在其生活过程中，形成球状、块形或颗粒状组织，它们虽然大小各不相同，但都是由菌丝组成的，如中药中常用的茯苓、猪苓等。这些菌核在风干后质地坚硬，它们可以说是真菌的休眠组织，或是储存养分的组织。如有些平菇、耳类可以形成菌核来度过不良环境。条件适宜时可萌发出菌丝，再生能力强，可以作为菌种分离的材料或做菌种使用。

（四）子座

由拟薄壁组织和疏丝组织组成的容纳子实体的褥座状结构，是真菌由营养阶段到生殖阶段的一种过渡形式。一般呈垫状、栓状、棍棒状或头状。子座的形态不一，但食用菌的子座多为棒状或头状。如著名的药用真菌冬虫夏草的"草"实际上就是冬虫夏草的子座，呈棍棒状，在子座前半部密生着子囊壳，是该菌产生子囊孢子的器官。

三、子实体的形态结构

子实体是食用菌的繁殖器官，由已分化的菌丝体组成，属于食用菌的特化结构，一般生长在基质表面，也是食用菌的食用部分，其形态多种多样。担子菌的子实体大多为伞状（见图 1-2），表现出明显的菌盖、菌褶、菌柄、菌托、菌环等；子囊菌类为无菌褶、菌管，孢子在子囊里面；齿菌类（如猴头菇）的子实体菌盖和菌柄或有或无，子实层生长在软齿表面；腹菌类（如马勃）子实层包在包被里，成熟后包被破裂，孢子呈粉末状散发出来；胶质类子实体呈耳状或脑状，干燥后收缩，吸水后恢复原状，子实层分布在子实体表面，孢子往往从子实层表面散射出来。下面以伞菌类子实体为例介绍其基本特征。

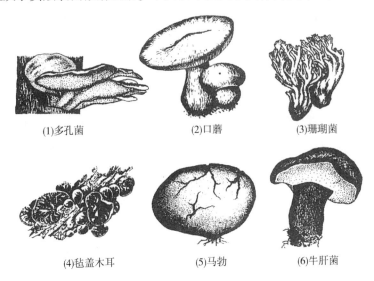

(1)多孔菌　　　　　　(2)口蘑　　　　　　(3)珊瑚菌

(4)毡盖木耳　　　　　(5)马勃　　　　　　(6)牛肝菌

图1-2　食用菌子实体的形态

伞菌类子实体的外部形态大致包括菌盖和菌柄两个主要部分，典型的子实体外部形态是由菌盖、菌褶或菌管、菌柄、菌环和菌托五部分组成的（见图1-3）。

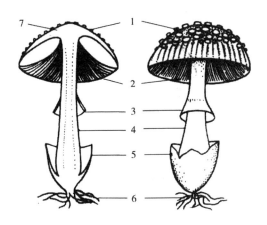

图1-3　伞菌模式图

1—菌盖；2—菌褶；3—菌环；4—菌柄；5—菌托；6—菌索；7—菌肉

（一）菌盖

菌盖是伞菌子实体位于菌柄之上的帽状部分，由表皮、菌肉及产孢组织（菌褶或菌管）组成，是主要的繁殖结构，也是食用的主要部分。

1. 菌盖的形状

菌盖多为伞状，但食用菌种类不同，菌盖形状有明显区别。以成熟时期的形状为准，常见的有圆形、半圆形、圆锥形、钟形、半球形、斗笠形、扁形、喇叭形、圆筒形、马鞍形等（见图1-4）。

(1)圆形　　　(2)半圆形　　　(3)圆锥形　　(4)卵圆形　　　(5)钟形

(6)半球形　　　(7)斗笠形　　　　(8)匙形　　　　　(9)扇形

(10)漏斗形　　(11)喇叭形　　(12)浅漏斗形　　(13)圆筒形　　(14)马鞍形

图1-4　菌盖的形状

2. 菌盖的颜色

菌盖的颜色也是种属的重要特征。由于菌盖皮层含有不同的色素，因而使菌盖呈现各种不同的颜色。常见菌盖有白、黄、褐、灰、红等色泽，如蘑菇为乳白色，草菇为鼠灰色，香菇为褐色，灵芝为紫红色，平菇为灰白色。还有一些毒蘑菇色彩尤为艳丽。有些种类还呈现混杂的颜色，甚至随着子实体生长发育或环境条件的变化而改变，如自然生长的金针菇菌盖颜色为黄褐色，而人工栽培以红光为光源时，菌盖呈黄白色，提高了商品价值；又如，平菇的一些品种子实体发育初期菌盖颜色为蓝灰色，随着子实体的长大逐渐转为灰白色乃至白色。另外，同一种菌类因品种不同菌盖的颜色也有差异。

3. 菌盖的表面特征

菌盖表面大多数是光滑的，有的干燥，有的湿润黏滑；有的表面有皱纹、条纹或龟裂等；有的表面粗糙具有纤毛或鳞片等，这也是食用菌分类依据之一。

4. 菌盖的组成

菌盖由表皮、菌肉和子实层体（也称产孢组织，即菌褶或菌管）组成。菌盖表皮为菌盖最外层结构，为角质层。角质层下面松软的部分为菌肉，是菌盖的主体部分，也是食用价值最大的部分。多数食用菌的菌肉为肉质，易腐烂，少数菌肉为蜡质、胶质或革质。菌肉一般为白色，有些菌肉受伤后会变色，这是重要的分类依据。

菌盖下面着生子实层的组织结构称为子实层体，由子实层和支持它的髓部组成。子实层体有不同形状，呈刀片状的称为菌褶；呈管状的称为菌管；少数种类的子实层着生在子实体的表面，如猴头子实层着生在各个肉刺上，木耳子实层着生在耳片的腹面，银耳子实层着生在耳片的上下表面，喇叭菌子实层着生在菌盖外侧，羊肚菌子实层着生在菌盖凹穴的表面。

菌褶是食用菌最为常见的子实层体，即菌盖下面折扇状的部分，一般是从菌柄向菌盖边缘辐射排列。菌褶边缘有锯齿状、波状、平滑、粗糙颗粒状等特征。菌褶与菌柄的着生关系可分为直生、弯生、离生、延生四个类型（见图 1-5）。

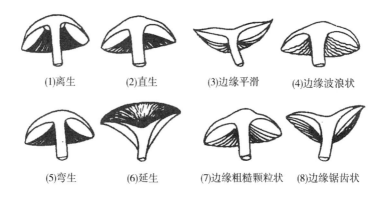

(1)离生　　(2)直生　　(3)边缘平滑　　(4)边缘波浪状

(5)弯生　　(6)延生　　(7)边缘粗糙颗粒状　　(8)边缘锯齿状

图 1-5　菌褶与菌柄着生情况及菌褶边缘特征

菌管是一种特殊的菌褶，由菌褶变态而来，外观呈现蜂窝状，密集竖状排列在菌盖下，多见于牛肝菌科和多孔菌科。其子实层沿菌管孔内壁整齐排列，颜色不一，菌管形状有圆形、多角形、复管形等。

（二）菌柄

菌柄是菌盖的支撑部分，是由菌丝发育而成的，具有输送养料的功能。菌柄多数与菌盖同质，少数如金针菇菌柄下部为革质，与菌盖异质。菌柄的有无、长短、形状也可以作为分类依据。菌柄形状有圆柱形（金针菇）、棒形（牛肝菌）、假根状（鸡枞菌）、基部膨大呈球形等，有直立、弯曲，有分枝，也有基部联合在一起的；菌柄表面有网纹、茸毛、颗粒等（见图1-6）。

按菌柄在菌盖上的着生位置可分为中生（蘑菇、草菇）、偏生（香菇）、侧生（平菇、灵芝）等类型；按菌丝的疏松程度可分为实心（香菇）、空心（鬼伞）、半空心（红菇）等。此外，按菌柄的质地不同可将其分为纤维质、脆骨质、肉质和蜡质等。

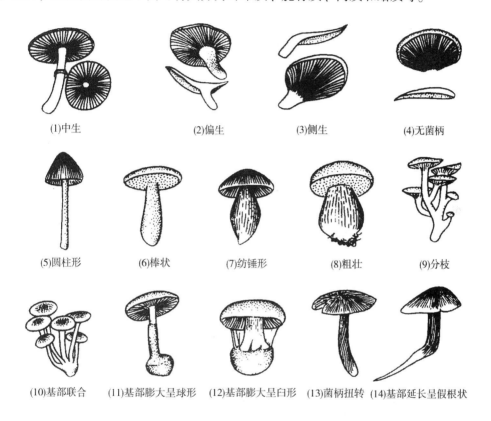

(1)中生　　　　　(2)偏生　　　　　(3)侧生　　　　　(4)无菌柄

(5)圆柱形　　　(6)棒状　　　(7)纺锤形　　　(8)粗壮　　　(9)分枝

(10)基部联合　(11)基部膨大呈球形　(12)基部膨大呈臼形　(13)菌柄扭转　(14)基部延长呈假根状

图1-6　菌柄特征

（三）菌环、菌托

有些伞菌初形成菌蕾时，菌盖与菌柄之间有一层或两层包膜称作内菌幕。开伞后内菌幕破裂，残留在菌柄上的部分就称为菌环，所以菌环是内菌幕的遗迹。有的种类单层、有的种类双层，有的种类随着子实体的生长而消失，有的永不消失。在毒伞属的某些种，菌环呈蜘蛛网状，悬挂在菌盖边缘，有少数种类的菌环可与菌柄脱离而移动。一般根据菌环着生位置，可分为上、中、下三处。

子实体在发育早期，整个菌蕾外面的包膜称为外菌幕。随着子实层的成熟，外菌幕被胀破，残留在菌柄基部的外菌幕，称为菌托。伞菌中有外菌幕的种类才有菌托；菌托一般为白色或浅色，有杯状、杵状、鞘状、苞状等，是分类的依据之一。

第二节　食用菌的生理特征

食用菌根据营养方式不同，可分为腐生、共生和寄生三种类型。

一、腐生性食用菌

腐生性食用菌是指从动植物的残体上或无生命（已死亡的细胞）的有机物质（如木耳、麦麸）中获取营养。腐生性食用菌能够分泌各种胞外酶和胞内酶，分解已经死亡的有机体，从中吸收养料。人工栽培的食用菌绝大多数营腐生生活，根据其所适宜分解的植物残体不同和生活环境的差异，把食用菌分为木腐型、土腐型和草腐型（粪草生型）三个生态类群。

（1）木腐型。适宜在枯木上、落叶层、木屑、棉籽壳等木质材料中生长称为木腐菌类，如香菇、侧耳、木耳、金针菇、灵芝等。有的对树种适应性较广，如香菇能在200余种阔叶树上生长；有的适应范围较窄，像茶新菇主要生长在茶树等阔叶树上。人工栽培木腐菌，以前多用段木，现在则多用木屑、秸秆等混合料栽培，也称之为木生菌类，依其对木材腐解的方式又分为褐腐、白腐等多种类型。

①褐腐：褐腐菌代表为茯苓，主要利用木材中的纤维素和半纤维素，对木质素降解能力较弱。经腐食后的木材呈蜂窝状、片状或粉状，强度大大减弱。②白腐：灰树花为木生白腐菌，分解木质素能力较强。白腐菌因使木材腐朽呈白色而得名。

（2）土腐菌。即土生菌类，虽然这个类型的菌类营养最终也是来自动植物的有机质，而不是土壤，但是这些菌类需要在覆土的条件下才能正常生长，故归为土生菌中。

（3）草腐菌。主要生长在腐熟的堆肥、厩肥、腐烂草堆或有机废料上，如草菇、双孢蘑菇等，也称为粪草生菌。人工栽培时，主要选用秸草、畜禽粪为培养料。

二、共生性食用菌

共生是指两种生物生活在一起，相互分工合作、相依为命，甚至形成独特结构达到难分难解、合二为一的一种相互关系。在共生关系中，双方互为有利，一方为另一方提供有利于生存的帮助，同时也获得对方的帮助。食用菌中不少种类不能独立在枯枝、腐木上生长，必须和其他生物形成相互依赖的共生关系。菌根菌是真菌与高等植物共生的代表，大多数森林食用菌为共生菌。菌根真菌不仅从寄主植物中摄取营养，而且能提高矿物质的溶解度，促进根系对土壤水分和无机盐的吸收；保护根系免遭病原菌的侵害，分泌激素类物质，促进植物根的生长。如松口蘑、松乳菇、大红菇、美味牛肝菌等是我国最常见的菌根菌。菌根菌的菌丝侵入根细胞内部的为内生菌根。如蜜环菌的菌索可以侵入天麻块茎中，吸取部分养料。而天麻块茎在中柱和皮层交界处有一消化层，该处的溶菌酶能将侵入块茎的蜜环菌菌丝溶解，使菌丝内含物释放出来供天麻吸收。菌根菌中有不少优良品种，但大多数处于半人工栽培状态，是食用菌开发的一个方向。

蚂蚁"栽菌"是昆虫与菌类共生的一种奇异自然现象，如巴西的叶蚁，采集树叶在蚁巢内建筑菌圃，最大的菌圃面积可达 100 m^2。味道鲜美的鸡枞菌是与白蚁共生的食用菌，鸡枞菌的菌柄连接在土层内的蚁巢上，菌圃上生长的白色菌丝球可以为白蚁提供养料。

三、寄生性食用菌

寄生是指一种小型生物生活在另一种大型生物体内或体表，从中夺取营养并生长繁殖，使后者受损害甚至被杀死的一种相互关系。食用菌多为兼性寄生或兼性腐生菌，蜜环菌就是兼性寄生菌的代表，开始生活在树木的死亡部分，一旦进入木质部的活细胞后，就开始营寄生生活。虫草菌从寄主体内吸收营养，并在寄主体内生长繁殖使寄主僵化，在一定条件下从虫体上长出子座（草），如蝉花、蜘蛛虫草、冬虫夏草、蛹草等，其中以冬虫夏草最为著名。

第三节　食用菌的生长发育

一、食用菌生长发育对营养物质的需求

食用菌的营养物质，根据其性质可分为碳源、氮源、水分、无机盐和生长因子等。

（一）碳源

凡用于构成细胞物质或代谢产物中碳素来源的营养物质，就统称为碳源。其作用是构成细胞的结构物质和提供生长发育所需的能量。食用菌吸收的碳素仅有20%用于合成细胞物质，80%用于维持生命活动所需的能量而被氧化分解。碳源是食用菌最重要的也是需求量最大的营养源。

食用菌不能利用二氧化碳、碳酸盐等无机碳为碳源，只能从现成的有机碳化物中吸取碳素营养。单糖、双糖、低分子醇类和有机酸均可被直接吸收利用。淀粉、纤维素、半纤维素、果胶质、木质素等高分子碳源，必须经菌丝分泌相应的胞外酶，将其降解为简单碳化物后才能被吸收利用。

葡萄糖是利用最为广泛的碳源，但并不一定是所有食用菌最好的碳源，不同食用菌对碳源有不同的选择。如多数食用菌利用较差的果胶，却是松口蘑的良好碳源。食用菌生产中所需的碳源，除葡萄糖、蔗糖等简单糖类外，主要来源于各种植物性原料，如木屑、玉米芯、棉籽壳、稻草、马铃薯等。这些原料多为农产品下脚料，具有来源广泛、价格低廉等优点。

（二）氮源

凡用于构成细胞物质或代谢产物中氮素来源的营养物质，统称为氮源。氮源是食用菌合成核酸、蛋白质和酶类的主要原料，对生长发育有重要作用，一般不提供能量。食用菌主要利用有机氮，如尿素、氨基酸、蛋白胨、蛋白质等。氨基酸、尿素等小分子有机氮可被菌丝直接吸收，而大分子有机氮则必须通过菌丝分泌的胞外酶将其降解成小分子有机氮才能被吸收利用。生产上常用的有机氮有蛋白胨、酵母膏、尿素、豆饼、麦麸、米糠、黄豆浆和畜禽粪等。尿素经高温处理后易分解，释放出氨和氰氢酸，易使培养料的 pH 升高，并产生氨味而有害于菌丝生长。因此，若栽培时需加尿素，其用量应控制在 0.1% ~ 0.2%，切勿用量过大。

食用菌在不同生长阶段对氮的需求量不同。在菌丝体生长阶段对氮的需求量偏高，培养基中的含氮量以 0.016% ~ 0.064% 为宜，若含氮量低于 0.016% 时，菌丝生长就会受阻；在子实体发育阶段，培养基的适宜含氮量在 0.016% ~ 032%。含氮量过高会导致菌丝徒长，抑制子实体的发生和生长，推迟出菇。

碳源和氮源是食用菌的主要营养。营养基质中的碳、氮浓度要有适当比值，称为碳氮比（C/N）。一般认为，食用菌在菌丝体生长阶段所需要的 C/N 较小，以 20∶1 为好；而在子实体生长阶段所需的 C/N 较大，以（30 ~ 40）∶1 为宜。不同菌类对最适 C/N 的需求不同，如草菇的 C/N 是（40 ~ 60）∶1。而一般香菇的 C/N 是（20 ~ 25）∶1。若 C/N 过大菌丝生长慢而弱，则难以高产；若 C/N 太小，菌丝会因徒长而不易转入生殖生长。

（三）水分

水不仅是食用菌细胞的重要成分，而且是菌丝吸收营养物质和代谢过程的基本溶剂。食用菌的一生都需要水分，在子实体发育阶段需要大量水分。各种食用菌鲜菇（耳）的含水量都在90%左右，子实体的长大主要是细胞储藏养料和水分的过程。食用菌生长发育所需要的水分绝大多数都来自培养料。培养料含水量是影响菌丝生长和出菇的重要因素，培养料的含水量可用水分在湿料中的百分含量表示。一般适合食用菌菌丝生长的培养料的含水量在60%左右，出菇期间则要求含水量增至70℃左右。

培养料中的水分常因蒸发或出菇而逐渐减少。因此，栽培期间必须经常喷水。此外，菇场或菇房中如能经常保持一定的空气相对湿度，也能防止培养料或幼嫩子实体水分的过度蒸发。

（四）无机盐

无机盐是食用菌生长发育不可或缺的营养成分。菌丝从无机盐中获得各种矿物质元素。按其在菌丝中的含量可分为大量元素和微量元素。大量元素有磷、钙、镁、钾等，其主要功能是参与细胞物质的组成及酶的组成、维持酶的作用、控制原生质胶态和调节细胞渗透压等。实验室配制营养基质时，常用磷酸二氢钾、磷酸氢二钾、硫酸镁、石膏粉（硫酸钙）、过磷酸钙等。其中，以磷、钙、镁、钾最为重要，每1 L培养基的添加量一般以0.1~0.5 g为宜。微量元素有铁、铜、锌、锰等。它们是酶的组成成分或酶的激活剂，但因需求量极微，每1 L培养基只需1 μg，营养基质和天然水中的含量就可满足，一般无须添加。

在秸秆、木屑、畜粪等原料中均含有各种矿物质元素，只酌情补充少量过磷酸钙或钙镁磷肥、石膏粉、草木灰、熟石灰等，就可满足食用菌的生长发育。

（五）生长因子

食用菌生长必不可少的微量有机物，被称为生长因子，主要为维生素、氨基酸、核酸、碱基类等。如维生素B_1、维生素B_2、维生素B_6、维生素H、烟酸等。生长因子的主要功能是参与酶的组成和菌体代谢，起着刺激和调节生长的作用，当严重缺乏时，就会停止生长发育。有的食用菌自身有合成某些生长因子的能力，若无合成能力，则必须添加。马铃薯、麦麸、玉米粉等材料中含有丰富的生长因子，用其配制培养基时可不必添加。但由于大多数维生素在120℃以上高温条件下易分解，因此，对含维生素的培养基灭菌时，应防止灭菌温度太高和灭菌时间过长。

二、食用菌的生长发育条件

影响食用菌生长发育的环境条件，主要包括湿度、温度、通气、酸碱度（pH）、光照等。

（一）湿度

食用菌在子实体发育阶段要求较高的空气相对湿度。适宜的空气相对湿度是80%~95%。据研究，如果菇房的相对湿度低于60%，平菇等子实体的生长就会停止；当菇房的相对湿度降至40%~45%时，子实体就不再分化，已分化的幼菇也会干枯死亡。但菇房的相对湿度也不宜超过96%，菇房空气过于潮湿，易招致病菌滋生，也有碍菇体的正常蒸腾作用，而菇体的蒸腾作用是细胞内原生质流动和营养物质运转的促进因素。因此，菇房过湿，菇体发育也就不良。据报道，金针菇长期处于过于潮湿的空气中，只长菌柄，不长菌盖或菌盖小肉薄。不过，这对于金针菇栽培者来说，反倒是一件好事，因为金针菇的主要食用部分是菌柄而不是菌盖。所以，金针菇栽培中常利用这一原理来获得更多更好的金针菇。

不同种类食用菌生长发育所需的空气相对湿度略有区别。一般来说，子实体发生时期的空气相对湿度应比菌丝体生长期的空气相对湿度高 10%～20% 。

（二）温度

各种食用菌的生长都要求一定的温度，包括最低、最高和最适生长温度，在最适生长温度条件下，菌丝体内酶的活性较高，新陈代谢旺盛，所以生长较快；低于最低温度，生长速度下降；超过最高生长温度时，蛋白质变性，酶钝化或失活，较长时间的高温，必然导致菌体死亡。

食用菌的菌丝较耐低温，0℃左右只是停止生长，但没有死亡。不同种类食用菌子实体发育温度也不相同，一般来说，子实体发育的最适温度比菌丝体生长的最适温度低，但比子实体分化时的温度略高一些（见表 1－1）。

表 1－1　几种食用菌对温度的需求　　　　　　　　　　　　　　　单位：℃

种类	菌丝体生长温度		子实体分化与子实体发育的最适温度	
	生长范围	最适温度	子实体分化温度	子实体发育温度
蘑菇	6～33	24	8～18	13～16
香菇	3～33	25	7～21	12～18
木耳	4～39	30	15～27	24～27
草菇	12～45	35	22～35	30～32
平菇	10～35	24～27	7～22	12～17
银耳	12～36	25	18～26	20～24
猴头	12～33	21～24	12～24	15～22
金针菇	7～30	23	5～19	8～14

在生产中还可根据食用菌子实体分化（出菇）时所需的最适温度，将食用菌的不同品种划分为高温发生型、中温发生型、低温发生型以及中高温发生型、中低温发生型等。

（三）氧气与二氧化碳

氧与二氧化碳也是影响食用菌生长发育的重要因素。食用菌不能直接利用二氧化碳，其呼吸作用是吸收氧气，排出二氧化碳。

大气中氧的含量约为 21% ，二氧化碳的含量是 0.03% 。当空气中二氧化碳的含量增加时，氧分压必定减少。过高的二氧化碳浓度必然会影响食用菌的呼吸活动。当然，不同种类的食用菌对氧的需求量是有差异的。如平菇在二氧化碳浓度为 20% 时能正常生长，只有当二氧化碳浓度积累到大于 30% 时，菌丝的生长量才骤然下降。

在食用菌的子实体分化阶段，即从菌丝体生长转到出菇时，对氧气的需求量略低于菌丝体生长阶段的需求量。但是，一旦子实体形成后，由于子实体的旺盛呼吸，其对氧气的需求也急剧增加，这时 0.1% 以上的二氧化碳浓度对子实体就会起毒害作用。

（四）光线

食用菌不含叶绿素，不能进行光合作用，不需要直射光。但是大部分食用菌在子实体分化和发育阶段都需要一定的散射光。如香菇、草菇、滑菇等食用菌，在完全黑暗条件下不形成子实体；金针菇、侧耳、灵芝等食用菌在无光条件下虽能形成子实体，但菇体畸形，常只长菌柄，不长菌盖，不产生孢子。

（五）酸碱度（pH）

大多数食用菌喜偏酸性环境，适宜菌丝生长的 pH 在 3~6.5 之间，最适 pH 为 5.0~5.5（见表 1-2）。大部分食用菌在 pH 大于 7.0 时生长受阻，pH 大于 8.0 时生长停止。食用菌利用的大多数有机物在分解时，常产生一些有机酸。如糖类分解后常产生一些柠檬酸、延胡索酸、琥珀酸等，蛋白质常被分解为氨基酸，有些有机酸的产生与积累可使基质 pH 降低。同时，培养基灭菌后的 pH 也略有降低。因此，在配制培养基时应将 pH 适当调高，或者在配制培养基时添加 0.2% 磷酸二氢钾和磷酸氢二钾作为缓冲剂；如果所培养的食用菌产酸过多，也可添加少许中和剂——碳酸钙，从而使菌丝稳定生长在最适 pH 的培养基内。

表 1-2　几种食用菌对 pH 的需求

种类	适宜生长 pH	最适生长 pH
蘑菇	6.0~8.0	6.8~7.2
香菇	4.0~7.5	4.0~6.5
草菇	6.8~7.8	6.8~7.2
平菇	5.0~6.5	5.4~6.0
金针菇	3.0~8.4	4.0~7.0
木耳	4.0~7.0	5.5~6.5
猴头菇	1.5~6.5	4.0~5.0
银耳	5.2~7.2	5.2~5.8
灵芝	4.0~6.0	4.0~5.0

第四节　食用菌的繁殖与生活史

一、食用菌的繁殖

食用菌的繁殖方式包括无性繁殖和有性繁殖。

无性繁殖是指不经过两性细胞的结合，由菌丝直接进行细胞分裂产生新的细胞和组织或产生无性孢子的过程。

有性繁殖是指经过两性细胞的结合产生后代的过程，可以分为质配、核配、减数分裂三个阶段，产生的孢子称为有性孢子，食用菌的有性孢子分为担孢子和子囊孢子。

二、食用菌的生活史

食用菌的生活史是指食用菌一生所经历的全过程，即从有性孢子萌发开始，经单、双核菌丝形成，双核菌丝生长发育，直到形成子实体，产生新一代有性孢子的整个生活周期。

（一）菌丝营养生长期

1. 孢子萌发期

食用菌的生长是从孢子萌发开始的，子实体成熟后散出孢子，孢子在适宜的基质上，先吸水膨大长出芽管，芽管顶端产生分支，发育成菌丝。在胶质菌中，许多菌类的担孢子不能直接萌发成菌丝，如银耳、金耳等，常以芽殖的方式产生次生担孢子或芽孢子，在适宜条件下，次生担孢子或芽孢子萌发形成菌丝；木耳等担孢子在萌发前有时先产生横隔，担孢子被分隔成多个细胞，每个细胞再产生若干个钩状分生孢子再萌发成菌丝。

2. 单核菌丝

由有性孢子萌发的菌丝称为初生菌丝（一级菌丝），萌发初期为多核，这时由于芽管开始多次进行核分裂，核集中在芽管顶端，后沿细胞壁分布，随原生质流动而运动，继而产生横隔，把细胞核隔开，形成有隔单核菌丝。

单核菌丝是子囊菌菌丝存在的主要形式，担子菌的单核菌丝存在时间很短。单核菌丝细长且易分枝稀疏，抗逆性差，容易死亡，故分离的单核菌丝不宜长时间保存。有些食用菌如草菇、香菇等，单核菌丝在生长时期遇到不良环境时，菌丝中的某些细胞形成厚垣孢子，条件适宜时又萌发成单核菌丝。双孢蘑菇的担孢子含有两个核，菌丝从萌发开始就是双核的，无单核菌丝期。

3. 双核菌丝

初生菌丝发育到一定阶段，由两条可亲和的单核菌丝间进行质配（但核不结合）使细胞双核化，形成次生菌丝，又称双核菌丝，双核菌丝是担子类食用菌菌丝存在的主要形式，生产中培养的菌丝体，除少数子囊菌外都是双核菌丝。

初生菌丝结合时，菌丝的前端能分泌一种酶，将另一初生菌丝细胞壁溶解，两菌丝的原生质相互沟通，核相互汇合成为双核。发生配对的两条初生菌丝形态相似，而遗传性存在差异，所以又称异核体。菌丝发生质配并不是随机的，而是在可亲合的菌丝间出现。

双核菌丝的顶端细胞常形成锁状联合，把汇合在一起的两异源核，通过特殊的分裂形式保持下去。由于双核菌丝是进行质配以后的菌丝，任何一段均可独立、无限地繁殖，产生子实体。双核菌丝经过充分的生长和发育，达到生理成熟后，便形成结实性双核菌丝，结实性双核菌丝相互扭结，在适宜条件下发育为子实体。

（二）菌丝的生殖生长期

1. 子实体的分化和发育

双核菌丝在营养及其他条件适宜的环境中能旺盛地生长，在体内合成并积累大量营养物质，达到一定生理状态时，首先分化为各种菌丝束（三级菌丝），菌丝束在条件适宜时形成菌蕾，菌蕾再逐渐发育为成熟子实体。与此同时，菌盖下层部分细胞发生功能性变化，形成子实层体，其表面覆盖有子实层，着生担子。担子是由子实层基双核菌丝的顶端细胞膨大形成的棒状小体。随着发育，担子体中双核融合为一个双倍体核，接着进行减数分裂（包括两次连续分裂，其中第一次是减数分裂，第二次为有丝分裂），形成四个单倍体子核，此时，担子顶部生出四个小凸起，凸起顶端逐渐膨大，担子基部形成一个液泡，随着液泡的增大，四个子核的内容物分别进入凸起之中，形成四个担孢子。

以上是典型的无隔担孢子的发育，但也有只产生两个担孢子的，如花耳科只产生两个单核担孢子，另两个留在担子中消失。双孢蘑菇则产生两个双核担孢子。然而有时也会出现特异现象，一个担子上产生一个担孢子或两个、三个甚至五个六个担孢子的。

黑木耳、银耳等胶质菌类，担子在减数分裂后，其上出现横膈或纵膈，因而属于有隔担子菌亚门。

2. 担孢子的释放与传播

大多数食用菌的孢子，是从成熟的子实体上自动弹射而进行传播的。孢子散布的数量是很惊人的，通常为十几亿到几百亿个。如一个平菇产生的孢子数量高达600亿~855亿个。因此，尽管孢子的个体很小，但数量很大，这是菌类适应环境的一种特性。平菇散发孢子时，无数孢子像腾腾的雾气，称为孢子雾，而且可以连续散布2~3 d。另外，有的菌是通过动物取食、雨水、昆虫等其他方式传播，如竹荪的孢子成熟时，产孢体会产生恶臭的黏液，甚至在十几米外也可闻到其特殊的臭味，强烈地吸引蝇类来传播孢子。通过动物取食、雨水、昆虫等其他方式的传播，称为被动传播。

（三）菌丝的有性结合

因菌丝遗传性差异，有性结合形式可分为同宗结合和异宗结合两类。

1. 同宗结合

同宗结合是指同一孢子萌发成的两条初生菌丝进行交配，完成有性生殖过程。它是一种雌雄同体、自交可育的有性生殖方式。这类食用菌占已研究的担子菌总数的10%左右，如双孢蘑菇、蜜环菌等。同宗结合的食用菌还可分为以下两类。

（1）初级同宗结合：担孢子只有一个细胞核，这种单核担孢子萌发产生的初生菌丝可自行交配，产生子实体，完成有性生殖过程，如草菇。

（2）次级同宗结合：每个担子上只产生两个担孢子，担孢子内含有两个性别不同的细胞核。担孢子萌发后，形成双核菌丝，由以双核菌丝发育产生子实体。如双孢蘑菇为次级同宗结合的代表。

2. 异宗结合

同一孢子萌发的初生菌丝不能自行交配（不亲和），只有两个不同交配型的担孢子萌发生成的初生菌丝才能互相交配，完成有性生殖过程，这种结合方式称为异宗结合。异宗结合是担子菌纲食用菌有性生殖的普遍形式，在已研究的担子菌中占90%，在食用菌中也占绝大多数。在异宗结合中，菌丝的性别分别由不同遗传因子——"性基因"决定，按其所含的性基因数可将异宗结合分为两种类型。

（1）二极性异宗结合：这类食用菌的一个担子上产生的担孢子分别属于两类交配型，称为二极性，两类之间的亲和性取决于一对等位基因 Aa，只有交配型 A 和另一交配型 a 的初生菌丝才能互相结合，完成有性生殖过程。属于这类食用菌的有滑菇、大肥菇、黑木耳等。二极性异宗结合食用菌同一菌株产生的孢子之间进行交配，可育率为50%。

（2）四极性异宗结合：这类食用菌一个子实体所产生的孢子或实生菌丝，具有四种不同的交配类型，即 AB、Ab、aB、ab。它们之间的结合取决于 Aa 和 Bb 两对遗传因子。只有两对因子都不同的孢子或菌丝才能结合成 AaBb 型菌丝体。四极性异宗结合在食用菌中占大多数，香菇、平菇、金针菇等都属于这类，是四极性食用菌。由于只有产生 AaBb 的组合时才能亲和，完成有性生殖过程，其他各组均不能完全亲和。因此，同一菌株所产生的担孢子之间可育率为25%，但来自不同菌株担孢子间则不受此限制，它们的担孢子间随机配对的可育率很高。

了解食用菌的有性结合特性，在生产上具有重要意义。属于同宗结合的食用菌，它的单个担孢子萌发生成的菌丝可以直接用于生产作为菌种。而异宗结合的食用菌，单个孢子萌发形成的菌丝体则不能作为菌种，只有用两种不同交配型的单核菌丝体结合后，形成有异核双核菌体才能发育成正常的子实体，用于菌种生产。

总之，食用菌的生活史可归纳为三个核期：以减数分裂开始的，同核的单倍体阶段，即单倍核期；以质配开始的异核双核菌丝阶段，即异核期；以核配开始的，短暂的单核双倍体阶段，即双倍核期。

第五节　食用菌分类与毒菌

一、食用菌分类

（一）食用菌的分类地位

现代生物学观点认为，食用菌属于真菌界中的大型真菌。在食用菌中，少数种类有性孢子内生于子囊中，属于子囊菌亚门，如羊肚菌；绝大多数食用菌有性孢子外生于担子上，属于担子菌亚门，如香菇、猴头、木耳等。食用菌的分类主要是以其形态结构、细胞、生理生化、生态学、遗传学等特征为依据，特别是以子实体的形态和孢子的显微结构为主要依据。

食用菌的分类即确定食用菌在真菌中的分类地位，是人们认识、研究和利用食用菌的基础。了解食用菌的分类关系，对于识别采集和开发利用食用菌资源起重要作用。

（二）食用菌的种类

1. 子囊菌亚门的食用菌

子囊菌亚门的食用菌种类不多，主要有核菌纲中的麦角菌类和盘菌纲中的盘菌类和块菌类（见图1-7）。但其中的一些种类却具有很高的研究、利用和开发价值。如冬虫夏草，是著名的补药，因其能补气益肾、止血化痰、提高白细胞、提高人体免疫机能，故有极高的药用价值；又如，盘菌纲中的羊肚菌，美味可口深受广大消费者的青睐；块菌中的白块菌、夏块菌等种类，因其独特的食味和营养保健价值，被誉为"厨房里的钻石"和"地下黄金"等。另外，网孢地菇、瘤孢地菇也是十分美味可口的食用菌。

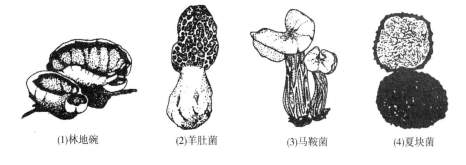

(1)林地碗　　(2)羊肚菌　　(3)马鞍菌　　(4)夏块菌

图1-7　子囊菌亚门的食用菌

2. 担子菌亚门的食用菌

通常见到的绝大多数食用菌以及广泛栽培的食用菌都是担子菌，大致又分为四个类群：耳类、非褶菌类、伞菌类和腹菌类。

（1）耳类。主要集中于木耳科、银耳科和花耳科（见图1-8），如木耳科中的黑木耳、毛木耳等，其中黑木耳是著名食用兼药用菌；银耳科的银耳、金耳也是著名食用兼药用菌；花耳科的常见种类为桂花耳。

（2）非褶菌类。多为大型木腐菌，具有发达的菌丝体，子实体多为木质、革质，仅少数种类

(1)琥珀褐木耳　　(2)银耳

图1-8　耳类中的食用菌

幼小时为肉质可食。此类菌的子实体外形多样，如贝壳状、棒状、杯状、漏斗状、珊瑚状、马蹄状，有柄或无柄，子实层多生于菌管内侧。

常见种类有珊瑚菌类（虫形珊瑚菌、杵棒等）、绣球菌类（绣球菌）、牛舌菌科（牛舌菌）、灵芝菌科（灵芝菌）、猴头菌科（猴头菌）等（见图1－9）。其中猴头菌是著名的食药兼用菌，被誉为中国四大名菜之一；灵芝菌也是非常著名的真菌，被誉为灵芝仙草，有着神奇的药效，可人工栽培、观赏以及药用。

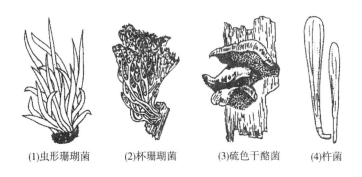

(1)虫形珊瑚菌　　(2)杯珊瑚菌　　(3)硫色干酪菌　　(4)杵菌

图1－9　非褶菌类中的食用菌

（3）伞菌类。主要是指伞菌目、牛肝菌目、鸡油菌目、红菇目的可食菌类。其中，伞菌目种类最多。栽培的食用菌如平菇、香菇、草菇、金针菇、鸡腿菇、杏鲍菇、双孢菇等，几乎都是伞菌目。与非褶菌目食用菌的不同在于，伞菌类子实体均为肉质，易腐烂，很少有近革质或膜质的，绝非木质。

（4）腹菌类。腹菌纲中食用菌只有鬼笔类与马勃类与食用菌有关，常见种类有鬼笔菌类的白鬼笔、长裙竹荪、短裙竹荪，马勃菌类的小马勃、大马勃、紫马勃、梨形马勃、铅色灰球等（见图1－10）。

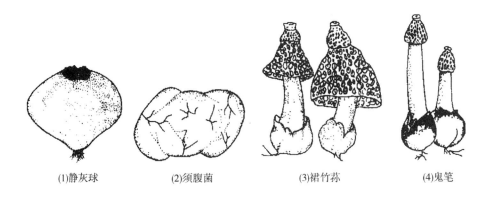

(1)静灰球　　(2)须腹菌　　(3)裙竹荪　　(4)鬼笔

图1－10　腹菌类的食用菌

二、毒菌及其致病机理

（一）毒菌

毒菌又称毒蕈，是指有毒而不能食用的大型真菌，如白毒伞、鹅膏菌、鹿花菌、残托斑毒伞、包脚黑褶伞等。在我国野生的蕈菌中，有 80～100 种毒蕈，致命性毒蕈有 20 多种，其中 10 多种为剧毒种类。一旦误食，要马上实施催吐，及时到医院治疗，并向当地卫生行政部门报告。

（二）毒菌致病机理

毒菌的毒性是它产生的毒素所造成的。不同种类的毒菌常含有不同种类的毒素，有时也发现同一毒素含于不同种的毒菌中，或一种毒菌含有多种毒素。同一种毒菌所含毒素的种类和数量的多少，也可因时间和地点有所不同。

由于毒菌所含有毒成分复杂，因此急性毒菌中毒的临床表现较为复杂，一般误食毒菌会有下列 4 种类型的表现。

1. 胃肠毒型

对胃肠道有刺激性的毒菌含有多种毒素，不同的野生菌所含有的毒素也不相同，能引起这类症状的毒蘑菇种类已知多达 80 余种，主要有红菇属、乳菇属、口蘑属、枝瑚菌属、牛肝菌属、粉褶菌属、蘑菇属等。

2. 肝损害型

中毒表现复杂，引起的临床症状也最为严重，按其病情发展可分为 6 期：潜伏期一般为 10～24 h；胃肠炎期出现恶心、呕吐等症状；假愈期患者暂无症状，或仅感乏力、食欲差等，但此时毒素已逐渐进入内脏，并引起肝脏异常；内脏损害期，严重中毒患者在发病 2～3 d 出现肝、肾、脑、心等内脏受损害，严重者可发生肝坏死甚至肝昏迷、肾衰竭；精神症状期出现烦躁不安、表情淡漠、嗜睡，继而出现惊厥、昏迷甚至死亡。

主要由灰花纹鹅膏菌、致命鹅膏、淡红鹅膏、裂皮鹅膏所致。

3. 致幻型

食用后发生精神错乱、产生幻觉、色觉异常及意识障碍等中毒症状，患者或手舞足蹈，或烦躁不安、时哭时笑，此类中毒无后遗症，数小时后会恢复正常，主要由毒蝇碱、鹿花菌素、光盖伞素等引起。

4. 溶血型

主要由鹿花菌以及卷边网褶菌所引起。误食后症状出现快，一般 30 min～3 h 内即出现恶心、呕吐、上腹痛和腹泻等肠胃症状。不久，溶血的发展导致尿液减少甚至无尿，尿液中出现血红蛋白以及贫血。溶血会导致包括急性肾衰竭、休克、急性呼吸衰竭、弥散性血管内凝血等并发症，这些并发症的发生能显著增加死亡率。

（三）毒菌的识别

一般来说，毒菌的颜色比较鲜艳，菌盖帽上可能会有疙瘩、红斑、沟托、沟裂，有的菌柄上有菌托、菌环。毒菌采摘断后通常会有浆汁流出来，味道刺鼻，毒菌还可从以下几个方面加以识别。

一看生长地带。可食用的无毒菌类多生长在清洁的草地或松树、栎树上，有毒菌往往生长在阴暗、潮湿的肮脏地带。

二看颜色。毒菌一般菌盖颜色鲜艳，有红、绿、墨黑、青紫等颜色，特别是紫色的往往有剧毒，且采摘后一般很快变色。

三看形状。无毒菌菌盖较平，伞面平滑，菌柄无菌托，有毒菌菌盖中央一般呈凸状，形状怪异，菌面厚实板硬，菌柄上一般有菌轮，菌托秆细长或粗长，易折断。

四看分泌物。将采摘的新鲜野菌撕断菌柄，无毒菌的分泌物清亮如水（个别为白色），菌盖撕破不变色；有毒菌的分泌物稠浓，一般呈赤褐色，撕破后在空气中易变色。

五闻气味。无毒菌有特殊香味，无异味。有毒菌有怪异味，如辛辣、酸涩、恶腥等味。

六是化学鉴别。取采集或买回的可疑菌，将其汁液取出，用纸浸湿后，立即在上面加一滴稀盐酸或白醋，若纸变成红色或蓝色的则此种菌有毒。

第二章 食用菌加工的发展现状及未来趋势

食用菌是一类能够形成胶质或大型肉质的菌核组织或子实体，是可以满足人们药用或食用需求的大型真菌，包括灵芝、平菇、银耳、猴头菇、金针菇、茯苓、姬松茸、羊肚菌、冬虫夏草等，多属担子菌亚门。

第一节 食用菌加工的发展现状

食用菌作为一类营养成分十分丰富以及功能众多的食品与药材，在世界各国都占据重要地位。我国从很早就开始了解和栽培食用菌，一些珍贵的食用菌如灵芝、冬虫夏草等更是在中医药领域发挥了巨大的作用。由于科技和生产水平以及人们生活水平的提高，食用菌除了直接食用外，还可以被加工成不同的产品。

随着科技的不断进步，食用菌栽培技术的不断革新，越来越多的食用菌品种实现了人工商业化栽培。我国食用菌产业经过多年的迅猛发展，产量占世界总产量的70%以上，出口量占亚洲的80%，占全球贸易量的40%。食用菌产业对调整农业生产结构、发展农村经济、实现农业生态系统良性循环具有重要意义。我国深入推进农业供给侧结构性改革，加快种植业结构调整，大力实施精准扶贫，为食用菌产业的发展和壮大提供了难得的机遇。

食用菌加工产业起源于率先进行机械化生产的欧美国家，自第二次世界大战结束以后，西方国家就开始进行食用菌的加工了。虽然我国的食用菌加工产业起步较晚，但发展迅速。通过对食用菌进行深加工，则可以延长食用菌的保存时间，从而提高经济效益。

一、食用菌的价值及其功效

（一）食用菌的价值

1. 鲜食的价值

由于食用菌味道鲜美可口，人们喜欢鲜食食用菌。从市场食用菌的需求可以发现，目前金针菇、牛肝菌、平菇、茶树菇等食用菌深受人们的喜爱。

2. 药用的价值

食用菌含有大量的不饱和脂肪酸、多种氨基酸、蛋白质、各种微量元素和丰富的生物活性物质，具有抗肿瘤、预防心脑血管疾病、提高人体的免疫力、抗菌消炎等功效。

3. 副食的价值

人们还喜欢以食用菌为材料开发的副食。比如，人们将食用菌加工成粉类代替鸡精和味精等调味品；将部分食用菌晒制成干货，一年四季都可食用；还将部分食用菌加工成酱类作为调味品。

（二）食用菌的功效

食用菌的主要功效包括以下几个方面。

1. 促进心脑血管健康

近年来，由于人们生活质量的提高，出现高血压、高胆固醇、高血脂、高血糖等体征的人也越来越多，这与人们的日常生活和饮食习惯密切相关。食用菌中特有的营养和药用功能成分具有降血脂、降胆固醇、降低血液黏稠度和抗凝血、减缓动脉粥样硬化等作用。

很多食用菌都含有的多糖成分可以有效降低血糖。这是因为多糖可以维护胰岛 β 细胞，并在 β 细胞受损时进行一定的修复，进而利用 β 细胞促使血糖保持稳定。除多糖外，一些食用菌中的独特成分也对维护心脑血管健康起着很大作用。例如，平菇中的洛伐他汀能有效减少人体胆固醇含量。香菇和鸡腿菇中所含的腺嘌呤对降低血脂有一定的作用。

2. 安神镇痛

灵芝、毛木耳与蜜环菌等在传统中医处方中常作为镇静宁神的中药材。在一些民间偏方里也有利用食用菌的这种功效治疗一些疾病的例子，在湖南湘西民间，就有以冰糖与毛木耳合用，治疗癫痫和神经官能症的例子。灵芝中所含的灵芝酸具有较强药理活性和抗氧化活性，有止痛、镇定的作用。此外，临床上常用来治疗坐骨神经痛、三叉神经痛等多种神经痛的安络痛胶囊，主要成分就是来自安络小皮伞。

3. 抗辐射作用

现在人们的生活离不开手机和电脑等工具，而随之带来的就是对人体具有损害的辐射。肿瘤的治疗中也常用到放射治疗法，对人体的副作用很大。食用菌中含有的很多成分具有较好的抗辐射作用。经研究表明，银耳、蜜环菌、灵芝以及假蜜环菌都有不同程度的抗辐射作用。因此，以食用菌为主料的抗辐射辅助治疗品具有广阔的市场前景。

4. 保肝健胃助消化

肝脏是人体重要的解毒器官，食用菌对肝脏和肠胃起着一定的保护作用。通过香菇、灵芝、猴头菇、蜜环菌等食用菌的动物实验和临床实验发现，食用菌可以降低硫代乙酰胺和四氯化碳对肝的损伤。因为对慢性活动性肝炎具有显著效果，云芝多糖在临床中得到广泛应用。

食用菌还在消化功能的保护上以及慢性胃炎、胃溃疡和消化不良的治疗上具有重要作用。猴头菇就是因为突出的功效被广泛制成各种食品和药品，出现在人们的生活之中。目前市场上热销的胃乐新冲剂、颗粒和胶囊的主要成分就是猴头菇。猴头菇具有助消化、利五脏的功能，对胃溃疡、慢性萎缩性胃炎以及一般性消化不良等多种胃肠道疾病都具有很好的治疗效果。

茯苓多糖中含有的层孔酸与茯苓酸等物质具有显著的药理功效，能够对肝脏起到解毒作用。茯苓能在一定程度上缓解胃部疾病，葵花胃康灵其中的成分之一就是茯苓。

5. 提高机体免疫力

医学研究表明，许多疾病的发生都与人体免疫机能密切相关，机体免疫力的增强，可以提高对多种疾病的抵抗力。多糖可以充分激发细胞的免疫功能，促进淋巴细胞转化，激活 T 细胞和 B 细胞，提高巨噬细胞的吞噬能力，有益于免疫功能完善。

6. 延缓衰老

人体的衰老与自由基有着直接关系，自由基的增多能够破坏正常的细胞，使机体老化，同时会破坏机体的抗病和防御能力。自由基，除了在正常生理代谢过程中产生以外，现代生活中常见的一些不良生活习惯，例如，酗酒、抽烟、长时间使用电脑进行工作以及长期熬夜等，也会产生自由基，自由基在加速衰老的同时还会降低人体免疫力，导致很多疾病的产生。而食用菌及其加工产品能够减弱自由基对人体的不利影响，降低疾病发生率。

7. 抗病毒以及抗肿瘤

食用菌的抗肿瘤、抗病毒功效是通过提高机体免疫力来实现的。食用菌普遍含有多糖成分，受到国内外研究者重视，特别是日本人从担子菌类中提取多糖，并做了大量抑制肿瘤实验工作。据统计，食用菌中对肿瘤细胞 S-180 抑制率在 80% ~ 90% 的有 100 多种，其中 8 个属 15 种担子菌对 S-180 抑制率高达 100%，而像云芝多糖、云芝糖肽等已作为临床药物应用于免疫性缺陷疾病、自身免疫病和肿瘤等疾病的治疗，并取得良好的临床效果。在大多数情况下，食用菌对肿瘤病毒的抑制功效不是单一成分作用的结果，而是由多种生理活性物质共同作用的。

二、食用菌储藏及其初加工技术

由于食用菌含水量高和组织脆嫩，在采收和运输过程中易破损，引起变色、变质或腐烂，导致商品品质下降；同时，新鲜食用菌加工时，因其组织脆嫩，含水量高，即使冷藏保鲜，货架期也非常短，易遭受微生物的侵害，发生腐败和病害，致使食用菌产生异味，失去鲜美的风味。为了使食用菌品质保持优良，且在运输过程中不易损害，在其生产加工过程中就应该考虑到贮藏以及运输的问题。因此，应对食用菌进行储藏保鲜，或采用干制、罐藏和腌渍等加工方式，这有利于进一步提升食用菌的食用价值和商品价值。

（一）食用菌干制技术

干制技术是指通过自然环境或人工手段，除去食用菌内的水分，从而使食用菌内的环境不利于微生物的生存，食用菌本身的一些活性物质也得到抑制，这是食用菌能够长时间储存的一种手段，一般经过干燥的食用菌内水分总含量为12%左右。值得注意的是，干制的速度和最终食品的质量呈正相关关系，即尽快干制能够提高产品的质量。目前很多常见的食用菌如黑木耳、香菇、灵芝等都是通过干制技术进行加工和保存的，干制技术可以分为自然干制和机械干制两种。

1. 自然干制

自然干制就是将食用菌放置在适宜的自然环境中晒干，主要是以太阳光为热源，以自然风为辅助进行干燥的方法。这一技术简单，成本较低，但是对自然环境的要求较高，适于金针菇、银耳、灵芝和黑木耳等品种，不适用于大量食用菌的加工。

加工时将菌体相互不挤压地平铺在竹帘或苇席上晒干，为了增加阳光直射的面积，可以适当将竹帘或苇席倾斜。翻晒时要轻，以防破损，晒干周期为 2 ~ 3 d，具体时间要根据实际干制情况进行调整，这种方法适于小规模加工厂。也有的加工厂为节约费用，到晒至半干时再进行烘烤，但这需根据天气、菌体含水量等情况灵活掌握，防止菇体变色或变形，甚至腐烂。虽然自然干制技术不适于大规模加工，但一些加工企业为了缩减成本，会先将食用菌用自然干制法晒至半干，然后再采用机械干制法干制。

2. 机械干制

机械干制法是利用现代化机械设备，用烘箱、烘笼、烘房，或炭火、热风、电热以及红外线等热源进行烘烤而使菌体脱水干燥的方法。在实际生产中，目前大量使用回火烘房及热风脱水烘干机、蒸气脱水烘干机、直线升温式烘房、红外线脱水烘干机等设备进行干制。机械干制不容易受自然条件的影响，也适用于各类品种的食用菌，因此适用于大量食用菌食品的加工。采用机械干制法需要特别注意控制从采摘到干制的每一个环节，以尽可能地保证干制食用菌的品质。

（二）食用菌罐藏加工技术

罐藏加工技术对原材料和辅料的要求更为严格，需要对质量严格把控。罐藏加工的食用菌需新鲜完整，将不合格的食材去掉，其个体要新鲜、色泽红润、菌伞完整且无病虫害。选好菌菇之后，将菌柄切削平整，柄长需要小于 8 mm。辅料选用 NaCl 含量超过 96% 的精盐，二氧化硫超过 64% 的焦亚硫酸钠，纯度超过 99% 的食品级柠檬酸，对食用菌进行严格检验，不能出现平酸菌。选择好食用菌和辅料后，将食材放置于浓度为 0.03% 的硫代硫酸钠溶液中，充分除去食用菌中残留的杂质。再用浓度为 0.06% 的硫代硫酸钠液进行漂洗，然后将食用菌用热水煮熟。在容器中加入适量的水，当水温达到 80℃ 时，倒入浓度为 0.1% 的柠檬酸，将混合溶液煮沸，然后将食材倒入水中煮 8～10 min。煮好之后冷却、装罐，先将罐装容器清洗消毒，然后加入食材。

（三）食用菌腌渍技术

腌渍技术是食用菌食品加工中较为常用的一种，就是利用食盐或糖溶液抑制微生物生长，从而微生物处于休眠或者死亡状态。采用这种技术可以有效延长保存时间，使菌类内部营养充分保留下来。因为成本低廉且操作简单，因此腌渍技术在实际生产中得到广泛使用。

（四）食用菌菇脯加工

选择品质优异的原料，要求形态完整、色泽饱满。选择完食用菌之后，用浓度为 0.03% 的焦亚硫酸钠溶液浸润食用菌，防止食用菌氧化，保留其原本新鲜的色泽。然后把食用菌放入水中烫漂，水大概为食用菌的 2 倍，烫漂 6～8 min。为了更好地维持食用菌的形态，还需将食用菌的菌伞用浓度为 0.3% 的无水氯化钙浸润 5～7 h，然后将食用菌取出，用水冲洗。接着将食用菌放置在配制好的糖液中，浸润约 20 h，糖液为食用菌的 2 倍。将充分浸润的菇脯坯取出，再把剩余糖液倒入夹层锅中，继续加入白砂糖，直至糖液浓度达到 50%，利用柠檬酸将糖液 pH 调到 3，再把取出的菇脯坯放入锅中，用小火慢慢熬煮，糖液浓度达到 55% 时停止，捞出菇脯坯并均匀平整地放入烤箱，在 61～64℃ 下，烘 5～6 h 即可出箱。最后，根据菇脯大小和品质进行选择，包装后进行销售。

三、食用菌深加工技术简介

食用菌深加工技术有以下几种。

1. 液体深层发酵技术

发酵属于生物工程的技术范畴，是生物技术转化为生产力的重要途径。其在食用菌功能食品的开发中已得到深入研究以及广泛应用。目前，研究的热点大都集中于生理活性物质的研究、液体深层发酵动力学研究、食用菌液体发酵条件以及发酵所得菌丝的形态学等。食用菌液体深层发酵技术不仅能实现食用菌菌丝的批量生产，而且能从发酵液中提取生物碱、萜类、多糖以及甾醇等多种对人体有益的生理活性物质，为食用菌功能性食品的开发和生产提供了有力保证。

2. 超临界流体萃取技术

超临界流体萃取技术是近年来快速发展的高新技术，其原理是将超临界流体控制在超过临界压力与临界温度的条件下，在目标物中萃取成分，当恢复到常压与常温时，溶解在超临界流体中的成分就与超临界流体分开。目前，流行的超临界流体 CO_2 萃取技术，已经在生物和医药等众多加工领域达到实用阶段并且取得了显著成效。

3. 真空冷冻干燥技术

真空冷冻干燥，也被称作冷冻干燥，就是将物料冻结到共晶点温度以下，在低压状态下，通过升华除去物料中水分的一种干燥方法。我国对真空冷冻技术的研究在 20 世纪 60 年代中后期开始，目前这种技术越来越多地应用到了食用菌加工上。经过这种技术加工的食用菌可以较好地保持原有的营养成分，并且复水性较好。

4. 微胶囊技术

微胶囊技术是一种采用特殊方法与特定设备，把分散的固体颗粒、液滴或者气体完全包封在一层微小、半透性或封闭的膜内形成微小粒子的技术。许多食用菌经过微胶囊包覆后，更好地控制了其有效成分的缓释速度，增强了其利用率。

5. 超细粉体技术

目前一般称粒径小于 3 μm 的粉体为超细粉体。超细粉体技术是近几十年来发展起来的一门新技术，物料经过超微粉碎后能够完整保持其有效成分。茯苓与灵芝等经超细粉后，增加了三萜类和多糖等有效成分的比表面积，有利于人体吸收和利用。香菇与金针菇中的膳食纤维含量很丰富，两者通过超微粉碎后，显著提高了膳食纤维的可利用率，大大提高了人体的消化吸收率。

第二节　食用菌加工的未来趋势

一、食用菌加工的产品方向

1. 药品

冬虫夏草、灵芝、香菇、灰树花等真菌中的多糖对单纯疱疹病毒、流感病毒与艾滋病毒等多种病毒具有不同程度的抑制作用。在日本与欧美等地区，以灰树花多糖和香菇多糖为主要成分的抗肿瘤药物已投入临床疾病治疗。目前我国食用菌多糖抗肿瘤药品的技术研发已较为成熟，正逐步进入临床试验环节，然而除了食用菌多糖，以食用菌其他功能因子开发的药品却很少。

2. 休闲食品

近年来，食用菌休闲食品的开发是一种很受欢迎的主流食用菌加工方式，以猴菇饼干为例，这类产品既提高了人们对食用菌的消费水平，又通过将食用菌粉添加到传统面制品中的方式，赋予了传统面制品丰富的营养与功能以及独特的风味，满足了消费者对营养健康的需求。如何在高温焙烤过程中令食用菌的营养与功能成分保持原有活性，是该领域今后重点要解决的科学技术问题，还可利用真空冷冻干燥技术或真空低温油炸技术生产食用菌即食脆片食品。

3. 日用品和护肤品

食用菌的护肤美容作用早在古代就被人们所认知，现代医学使用新技术、新方法，对食用菌的延缓衰老及美容功能进行了更加深入细致的研究。由于食用菌含有核苷类、多肽氨基酸类、多糖类、多酚类以及三萜类等成分，具有明显的抑菌、抗衰老、美白、抗炎、抗皱以及保湿等功效，食用菌活性物质在护肤品与日用品上的应用越来越受到人们的关注。

由于消费者对食用菌的天然活性成分具有很高的接受度，所以灵芝护肤护发化妆品与银耳胶补水保湿护肤品等大量出现。目前，应用于化妆品研发较多的食用菌有灵芝、平菇、香菇以及银耳等品种。灵芝中含有大量抑制黑色素的成分，还含有多种对皮肤有益的微量元素，这些元素能有效促进细胞再生，减少人体自由基，增加胶原质，并改善人体微循环，从而达到丰润皮肤、消除皱纹的效果。此外，灵芝中含有的多糖成分还使其能够有效防止细菌对皮肤的损害，使皮肤水嫩光滑并富有弹性。在适宜的条件下，平菇、白灵菇多糖的保湿效果优于甘油。有关食用菌延缓衰老与抗炎症的研究也很多。牛肝菌类由于其显著的抗氧化活性，已经成为市场上广泛使用的抗皱、延缓衰老美容产品的重要原料之一。银耳则具有很好的美白作用和淡化色斑的功效。食用菌含有的曲酸是一种天然的皮肤美白剂，经常被添加到美白精华和面霜中，生产用于治疗色素沉着与老年斑的药妆产品。

4. 营养调味品

食用菌中含有大量呈鲜呈味物质，包括游离氨基酸、可溶性糖、有机酸以及呈味核苷酸等成分，且其含有独特的挥发性芳香物质。有报道称，日本与欧美市场上流行一种蘑菇提取物，作为新型绿色保健食品调味料，具有调味增香的功能。

复合调味料是对基础调味品原料进行加工调制而成的一种具有特殊风味的调味品。这种复合调味料中，使用食用菌材料是亮点。食用菌复合调味料具有很高的药用保健价值。在日本，草菇非常受欢迎，它专门用于高汤等复合调味品的制作；在中国，茶树菇、香菇是非常受人们喜爱的调味品，可以用来制作酱类或肉类炖料。

二、食用菌加工的发展趋势

1. 加大研发力度，拓展应用领域

目前，我国食用菌加工产业的科技水平较低，相应的科研技术落后也限制了我国食用菌产品的加工应用范围。因此在未来的发展中，应加大科技投入，在科技进步的基础上拓展食用菌的应用领域。由于成本的影响，我国对成本低廉的一般食用菌食品加工的力度较大，而对于一些价值较高的珍稀菌种却加工较少，在之后发展中应对这些珍稀菌种高度重视。

2. 实现初加工到深加工，提高产品附加值

目前，我国食用菌加工产品主要是初级加工，辅以一定的深度处理，产品附加值较低。应加强食用菌精深加工方面的研究，全面考虑加工产品的营养、风味与功能性，以口感和味道吸引消费者，以保健和药用功效引导消费者，以放心、方便稳定消费者，打出自主品牌，创出特色，提高增值率，推动食用菌产业向纵深方向发展。

3. 促进产业循环发展，创造更多效益点

我国的食用菌种类很多，但是加工物性基础数据不明确，食用菌对加工技术与装备的适用性差，国内传统消费习惯制约着产业的发展。以后食用菌产品加工要实现可持续发展，需提高草腐菌品种生产的比例，减少对森林资源的破坏。秸秆与稻草等农业秸秆资源能够种植草腐菌品种，这可充分提高农产品资源的利用率，降低食用菌的生产成本。同时，用来培养食用菌的菌渣中含有很多活性菌成分，这些成分通过加工处理可以制成品质上乘的有机肥料。这样不仅充分利用了食用菌从栽培种植到加工废料过程中的各种资源，也更有利于保持环境清洁，既实现了经济循环发展，又创造了更多经济效益。

总的来说，我国应实施良种繁育、栽培基质创新研发、菌渣综合利用、深加工技术研发示范、现代化高效栽培示范、生产信息化改造等工程；加快推进食用菌重点项目建设，进一步扩大食用菌生产规模；加强食用菌保鲜和精深加工技术研发；抓好基地、品牌建设，做好典型示范引导；加强政策引导和支持，优化食用菌产业布局；加大科技投入，培育国内大型食用菌龙头企业，带动食用菌产业步入一个良性循环、快速发展的轨道；推动发展菌业循环模式，促进农业废弃物资源的高效利用。

第三章　食用菌加工理论概述

第一节　食用菌加工的重要意义

一、有利于综合利用提高效益

以食用菌为原料，加工成可食、可药、可补的不同层次的食用菌精深加工系列产品，有效地对资源进行综合利用，增加产品附加值，提高经济效益。例如，仅香菇一个品种就可研发加工成不同层次的 20 多种产品，香菇系列产品开发流程如图 3 – 1 所示。

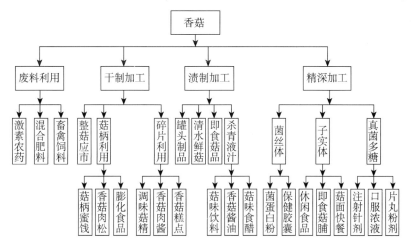

图 3 – 1　香菇系列产品开发流程

二、产业发展促进科技进步

以食用菌为原料的精深加工产品的开发，在我国已引起食品和医药业界的高度重视。随着食用菌有效营养成分和抗菌活性的研究和发现，食品科学家已能从姬松茸中提取蛋白多糖、猴头菇子实体提取粗多糖（HFP）；从菌丝体提取粗多糖（HMP），并研制成功治疗胃肠癌的药物；从竹荪菌丝体中分离糖蛋白DIGP，并研制成降脂减肥药。上海师范大学杨庆尧利用云芝菌丝体，研制成一种抗癌药物云芝糖肽（PSP）胶囊，获国家发明专利。这些精深加工产品，科技含量较高，它们必然促使更多的人用高科技手段去投入研究和生产，从而促进食用菌科技队伍不断发展、壮大，造就一大批食用菌精深加工科技人才。

第二节 食用菌加工的主要形式

我国食用菌加工企业大部分属于食品加工行业范围，有的也属于保健品和药品加工行业范围。到目前为止，还没有专门的分类标准，从现有产品应用的目的不同，大体划分为食用性加工、药用性加工和储藏性加工3类。盐渍加工既是储藏性加工，又是食用性加工；保健食品加工，有食用和药用双重性。根据国内食用菌加工现状，分为以下五大类。

一、保鲜储藏

保鲜储藏也是一种加工方式，储藏的目的是保持鲜品生命，延长商品货架期。近年来市场上出现了产品原生态和田园风味的消费新潮，它更使保鲜储藏加工成为一个大有前途的加工业。保鲜储藏分为低温冷藏保鲜、气调保鲜、真空保鲜、辐射保鲜、物理化学保鲜等不同方法。

二、脱水干制

脱水干制是食用菌干燥的主要加工方法。在大量产出鲜品的季节，市场容纳不下时，通过干制，可以解决鲜品产后问题。干制品易于储藏，达到季产年销、常年应市的目的。传统干制方法多为晒干，而现在主要采取机械脱水烘干和冻干两种，适用于香菇、银耳、猴头菇、黑木耳、草菇、金针菇、竹荪等几十种产品。

三、调料渍制

渍制加工是我国加工蔬菜的一种传统方式，也适用于食用菌加工。它包括盐渍、糖渍、酱渍、糟渍、醋渍加工。以盐、糖、酱、酒糟、食醋等为腌料，利用其渍水的高渗透压来抑制微生物活动，避免食用菌在储藏期因微生物活动而腐败。其中，盐渍加工是食用菌加工中广泛采用的方法，双孢蘑菇、草菇、金针菇、大球盖菇、猴头菇、杏鲍菇、白灵菇以及平菇、凤尾菇、鲍鱼菇等均适用。

四、罐头生产

食用菌罐头制品是我国具有传统特色的出口商品之一。菇品罐头加工，要有一套机械设备，生产工艺形成流水作业，产品比较规范。其中，双孢蘑菇每年出口 20 万吨左右，创汇 2 亿多美元，是食用菌罐头出口量最大的产品之一。食用菌罐头加工，绝大部分为清水罐头。近年来新研发出了即食罐头，诸如，银耳莲枣罐头、香菇肉酱罐头、白灵菇美味即食罐头等。

五、精制酿造

食用菌酿制加工属于精深加工范围，它包括菇酒类、饮料、酱油、食醋、菌油、菇类味精、菇味火锅料、菇类蜜饯、膨化食品、菇类肉松、菇类面条、糕点；日用品类有菇类护肤霜、美容膏；医疗保健品类有从菇类中分离提取有效药物成分，制成注射针剂、保健胶囊、片剂、粉剂、口服液等。

第三节　食用菌加工企业分类

食用菌加工厂的规模大小，投资多少，应根据当地食用菌栽培的数量和产量以及计划加工层次而定。

一、小型食用菌加工厂

1. 经营项目

小型食用菌加工厂，一般进行食用菌初级加工，如鲜品脱水烘干、鲜品盐渍加工，适用于普通农家庭院经济，2~3 人从业即可。

2. 生产规模

小型加工厂可规划日脱水烘干鲜菇 2 ~ 3 吨，或盐渍加工鲜菇 1 ~ 2 吨的生产规模。

3. 基本设备

厂房可利用房前屋后的空间，搭盖简易加工厂，面积为 600 平方米左右。

（1）脱水烘干设备。脱水烘干机械要配备相应的排湿烘干筛、清洗水池。较小型的厂，包括搭盖简易工场，总投资约为 3 万元，只需购置 1 ~ 2 台 RF 节能烘干机，该机结构科学，热交换器安装在中间，两旁设置两个干燥箱或 4 个干燥箱，箱内各安置 13 层竹制烘干筛，箱底两旁设热风口，机内设 3 层保温，中间双重隔层，使产品干而不焦。箱顶设排气窗，使气流在箱内流畅无阻，强制通风脱水干燥。配有三相（380 V）、单相（220 V）、燃料薪、煤用户自选项。鲜菇进房一般 6 ~ 10 h 干燥，有两个干燥箱的烘干机，每台每次可加工鲜菇 250 ~ 300 kg，有 4 个干燥箱的烘干机可加倍，加工的产品物理性状和色泽符合出口标准，因此被用户广泛采用。这种烘干机由古田县祥为烘干设备研究所研制生产，获国家专利。RF 节能烘干机结构如图 3 - 2 所示。

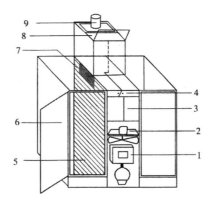

图 3 - 2　RF 节能烘干机结构

1—热交换；2—排风扇；3—活动进风口；4—上进风口手柄；

5—热风口；6—门；7—回风口；8—进风口；9—烟囱

规模稍大些的脱水烘干厂可购置热水循环式干燥机。该机械是在隧道式干燥机原理基础上，结合柜式干燥机的特点研制而成的。供热系统由常压热水锅、散热管、储水箱、管道及放气阀门、排活阀门等组成，使用燃料煤、柴均可。它采取热流循环，利用水的温差使锅炉与散热器之间形成自然对流循环，使供热系统处于常压下运行，较为安全。其干燥原理是锅炉产生的热水进入散热器后，将流经散热器的空气进行加热，在风机产生的运载气流作用下，将热量传给待干制的鲜菇，同时利用风流动，不断把蒸发出来的水分带走，以达食用菌干燥的目的。这种干燥系统，气流受阻力较小、干燥室内温度均匀、干燥速度一致。烘房内设 90 cm×95 cm 烘筛 80 个，一次可摊放鲜菇 700 kg。其烘出的产品干燥、色泽均匀、朵形完整、档次高。热水循环式干燥机结构如图 3 - 3 所示。

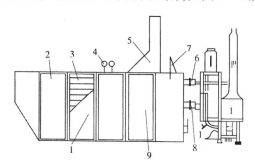

图 3 - 3　热水循环式干燥机结构

1—烘房门；2—烘干房；3—烘筛；4—温度计；5—排湿室；6—余热回收门；7—冷风门；
8—热交接器；9—储水箱；10—烟窗；11—热水锅；12—燃烧口；13—鼓风机

（2）盐渍加工设备，食用菌盐渍加工基本设备见表 3 - 1。

表 3 - 1　食用菌盐渍加工基本设备

设备名称	数量	购置金额/元	设备要求
杀青锅	1 个	2 000	大铝锅或不锈钢锅；
盐渍池	4 口	16 000	（长 × 宽 × 高）为 3 m × 2.8 m × 12 m 水泥砌成，每口容量 4 t
盐渍缸	30 个	3 000	陶瓷制品，每缸容量 100 ~ 150 kg
塑料包装箱	100 个	1 800	每箱装渍制品 40 ~ 45 kg

4. 投资回报

（1）脱水烘干厂。按日加工干品 200 kg 计算，每千克收代加工费 3.6 元，除燃料、电耗、机损、工资等成本 2.6 元外，每千克盈利 1 元。月加工量干品 6 000 kg，利润 6 000 元，5 个月可收回投资，其余时间均为利润。

（2）盐渍加工厂。基本投资包括工厂搭盖、设备购置，花费共约 4 万元。盐渍食用菌成品率一般为 65% ~ 68%，也就是 3kg 鲜品，可加工成盐渍品 2kg。其盈利模式以金针菇为例，鲜菇收购价为 2.6 元/kg，加工后盐渍品成本为 3.9 元/kg；加工过程中的燃料、电耗、工人工资、包装、折旧费等另加 1 元，合计成本为 4.9 元/kg。盐渍菇预定最低出厂价为 6 元/kg，其利润为 1.1 元/kg，按日加工量 1 000kg 计算，其利润不低于 1 000 元。秋冬产菇旺季，最低价时段有 80 ~ 90 天进行收购加工，其利润可达 8 万 ~ 9 万元，除当年收回投资外，可创利 4 万 ~ 5 万元。

5. 风险分析

对于小型食用菌脱水烘干厂或食用菌盐渍加工厂来说，应选择市场价格最低时收购原料进行加工，其产品成本低。绝大多数食用菌品种，受季节所限，产季一过，市场上鲜品难寻。鲜品干制后耐储藏保管，可常年应市，但不新鲜。而盐渍加工利用食盐的高渗透压物质防腐的原理，使产品保持新鲜的外观和品质，产品上架时间长，很受批发商、零售店、餐饮业欢迎，而且保质期可达 1~2 年，因此风险相对比较小。

二、中型食用菌加工厂

1. 经营项目

中型食用菌加工厂以储藏保鲜，渍制酿造饮料、蜜饯小包装即食品等加工业务为主，适于乡镇企业或民间集资经营。

2. 生产规模

中型加工厂以冷藏保鲜为主要业务，可日加工保鲜品和盐渍品 5~8 t；或酿制酒类、饮料、蜜饯小包装食用菌 1 t，这种加工厂需要生产工人 10~15 人。

3. 基本设备

设制冷和渍制两个车间，中型食用菌加工厂基本设备见表 3-2。

表 3-2　中型食用菌加工厂基本设备

设备名称	数量	购置金额/元	设备要求
制冷机组	1 套	15 000	制冷机 1 台、冷凝机 1 台、排风扇 2 台
冷库	1 座	10 000	50 m^2，容量为 10 t 鲜菇
循环水设施	1 套	8 000	容量 20 t，冷却塔 1 个，水池 1 口，配镀锌管
盐渍池	6 口	18 000	体积为 5 m×3.5 m×1.3 m，池壁砖砌，内外瓷砖
杀青锅	1 口	8 200	容量为 2 t，3 mm 不锈钢板焊成尺寸为 1.3 m×1 m×0.4 m
冷却池	2 口	3 800	砖砌成水泥池，体积为 2 m×1.5 m×1 m
锅炉	1 台	48 000	0.5 t 以上
夹层锅	1 口	10 000	容积大于 500 L
真空包装机	1 台	8 000	CZB-2000 型全自动小包装袋
印字封口机	1 台	5 000	色带印字封口机
包装物		12 000	塑料周转管 200 个，塑料包装桶 1 500 个

4. 投资回报

中型食用菌加工厂冷库、工厂占地面积约为 1 000 m^2，若采用彩钢板盖顶、砖墙或铁管搭架，需投资 20 万~35 万元。另外，冷库加工生产配套设备 14.6 万元，合计投资为 40 万~50 万元。以茶薪菇为例，低温保鲜每吨至少可获利 800 元；以香菇、金针菇、大球盖菇等为例，盐渍利润不低于 1 000 元/t。若产菇季节收购加工保鲜菇 500 t，其利润约为 40 万元；盐渍菇加工 300 t，利润约为 30 万元，除可当年收回投资外，尚余利润 20 万~

30 万元。如果能再加工糖制和蜜饯即食小包装菇品，其成本与利润比为 1：（1～1.5）。每吨利润至少 3 000 元，年生产量 300 t，利润可达 90 万元。除当年收回投资外，还可创利 40 万～50 万元。

5. 风险分析

保鲜食用菌是最受现代都市人欢迎的日常食品，市场空间潜力很大，盐渍品和小包装即食品利润丰厚，市场前景良好。中型加工厂生产能力较强，但风险在于产品是否能保证质量，销售渠道是否畅通，因此，在规划建厂和投入生产过程中，必须注意以下 3 点。

（1）建立生产基地。实行"工厂＋农户"，使原料有保障，避免"无米之炊"。

（2）保证产品质量。保证卫生安全，以质取胜，使产品得到消费者的认可。

（3）疏通销售渠道。千方百计地寻找卖方客户，稳定销售网络，以免产品积压导致资金周转不灵。

三、大型食用菌精深加工厂

1. 经营项目

大型加工厂以食用菌精深加工为主，产品档次和科技含量较高，投资大，适合资金雄厚的集团和企业，具体经营项目有以下系列。

（1）罐头制品，包括各种食用菌清水罐头、易拉罐罐头，如以银耳、竹荪、姬松茸、金耳、灰树花、猴头菇等为原料的低度酒、清凉茶、营养露等饮料。

（2）营养型即食品、冷炸速食品，如灰树花菇脯、香菇肉松、茯苓雪片糕、猴头菇饼干、调味素、火锅料等。

（3）保健功能型产品。如食用菌胶囊、片剂、糖浆、口服液、冲剂等。

（4）日用品，如灵芝洗发露、银耳润肤雪花膏、化妆品等。

2. 生产规模

大型加工厂生产规模可根据生产品种和设备条件而定，罐头加工厂若每天两班生产制，日产量为 5～15 t。营养型即食品加工厂单班生产制，日产 3～5 t 成品。保健功能型和日用品类产品机械化程度较高，日产 1～2 t。大型工厂因机械自动化程度不同，员工需求量差距较大，一般工厂需要 30～100 人。罐头加工厂因原料分级、称量、装罐等工序多，而且很多工序要求手工操作。因此，工作人员需要多。

3. 罐头生产线基本设备

以适于食用菌加工的、日产 20～30 t 罐头的罐头生产线成套设备为例。

（1）原料分级机。将蘑菇、草菇等，在加工之前分级，使大、小菇分离，整菇和碎片分离。

（2）切片机。食用菌类产品中的规定规格外产品，不能直接进入市场销售，只有进行切片、改形后，才能得到符合规定规格的产品，产品切片后，可用于罐头生产或片状干菇的生产。

（3）夹层锅。主要用于鲜菇杀青、预煮、调味品的配制及提取物的熬煮。夹层锅为半球形双层锅，内层多为不锈钢制成，内外层之间可通入高热蒸汽，可通过压力表读数。夹层锅容积大于 500 L，锅内还装有搅拌器，分为固定式和可倾式等多种形式。

（4）杀青锅。大型食用菌加工厂一般使用夹层锅，而小型厂和家庭加工厂多用大铝锅或不锈钢锅。

（5）排气箱。能脱除物料中的气体，防止容器内的物料上漂及氧化变质等。

（6）封罐机。有手扳式封罐机和全自动真空封罐机。

（7）真空包装机。将加工后的物料装入气密性薄膜材料包装容器后，密封前抽成一定数值的真空度，使薄膜材料紧贴物料。真空包装可以防止食品氧化、变质，并缩小体积，以便储存和运输。

日产 20 吨蘑菇罐头的生产线成套设备见表 3－3。

表 3－3　日产 20 吨蘑菇罐头的生产线成套设备

序号	设备名称	型号	规　格	台数	备注
1	漂洗流槽		长约 10 m	1	
2	升运机		输送式转运带长 15 m	1	
3	连续预煮机	GT6J20	螺旋式 3 000～3 500 kg/h	1	
4	冷却流槽		不锈钢制	1	
5	选择运输带		按车间长度酌定	1	
6	蘑菇分级机	GT5C8	2 500 kg/h	1	
7	蘑菇定向切片机	GT6D14A	1 000 kg/h	1	
8	加汁机	GT787	60～80 罐/min	3	
9	夹层锅	GT6J3	300 L，不锈钢	2	
10	夹层锅	GT6J6	300 L，可倾式，不锈钢	2	
11	卫生泵	N302	5 t/h	2	
12	真空封罐机	GT4811	60～80 罐/min	2	
13	双级水环真空泵	GT9F1	1 m³/min	3～4	
14	杀菌锅	GT7C5	2 000 瓶/锅	3	
15	空压机		0.5～1.0 m³/min，700 kp$_a$	1	
16	洗罐机	GT7D3	50～60 罐/min	1	
17	罐盖打印机	GT2E3	160 只/min	3	
18	装罐运输机		3 000 罐/h	3	

4. 功能型产品生产线基本设备

（1）子实体干品萃取真菌多糖生产线基本设备。F2－35A 爪式粉碎机，TDS700 型蒸煮锅，T250、T40 型蒸汽回收罐，Y20 型压榨脱水机，GTP－12 型高速离心雾干燥机组，XZS 系列振动筛机，FC160G 型高速研磨机，WSI－300 型真空泵等设备。

（2）真空冻于低温冷炸菇类即食品生产线基本设备。DG 型食品冻干机捕水率为 3. 13 kg/m²，配 JDGP 智能监控软件，温度控制精度达 0.5℃，真空调节精度达 1 帕；制冷速冻库、干燥仓、真空加热监控机组；盒式真空包装机，真空度≤1.332 帕；FY－PM 型－POOA 色带印字连续封口机。

5. 投资回报

大型食用菌加工厂的生产，需要建设标准化厂房，设置车间、冷库和成品仓库，基建面积需要 1 000～3 000 m²。整个工程投资一般要 500 万～3 000 万元，高投入、高产出、高效益，是精深加工业的优势。

（1）真空冻干低温油炸即食品。原料以金针菇、茶薪菇、秀珍菇等单体小型状的菇类，平均进价为 4～5 元/kg，100 kg 鲜菇，通过生产线精制后，实得冷炸即食品 10 kg，加上其他费用综合测算，平均成本为 60～70 元/kg，而目前出口价为 140 元/kg，成本与利润比为 1：（1～1.33）。

（2）多糖类产品。香菇、灰树花、灵芝、姬松茸等真菌多糖原料价格为 600～1 000 元/kg，其成本与利润比为 1：（1～1.3），而目前出口价格为 6 000～8 000 元/kg。

（3）胶囊型产品。香菇胶囊 4 毫克/粒，60 粒一盒，市场售价为 100 元/盒，出厂价为 75 元/盒，平均成本仅为 0.046 元/粒，成本与利润比为 1：27。云芝（PSP）胶囊 48 粒/盒，国内售价 360 元/盒，出厂价为 270 元/盒，平均成本为 0.052 元/粒，成本与利润比为 1：110。大型加工厂虽然利润高，但投资大，回收时间一般需要 2～3 年。

6. 风险分析

食用菌精深加工产品，是人类饮食需要和保健食品发展的趋势，市场潜力大，投资效益高，但产品市场竞争也比较激烈。相对而言，其风险系数也比中小型加工厂大。大型加工企业在开发食用菌精深加工产品时，必须具备"五个要有"：

（1）要有国内外营销网络体系，确保货畅其流。

（2）要有科研技术力量，在产品研发上不断自主创新。

（3）要有雄厚的资金实力，以保证基建和设备的投资及足够的流动资金。

（4）要有国际食品安全 HACCP 和 IS 9000 及国内 QS 等系列质量认证以及企业自有品牌。

（5）要有健全的企业管理、财务制度和经济核算程序。

第四节 科学选址建厂的必要条件

一、安全性

加工厂地址选择，必须向无公害、绿色、有机食品加工标准方向发展，遵循可持续发展原则，按照特定生产环境和生产方式，产出无污染、安全优质的产品。加工厂必须远离重工业区或与工业区之间有足够的隔离带，远离居民区、医院和扬尘工厂。周围不得有垃圾堆、粪场、露天厕所等。加工场所应设置在可能造成污染（传染源）的上风向、上水，以确保安全性。厂址的安全性有利于采用国际 ISO 9000 标准和 HACCP 体系管理，使生产全程得到有效控制和管理。

二、方便性

食用菌加工厂要求建立在交通方便、水源充足、水质良好、燃料供应及电力有保障的地方。加工厂对各类食用菌鲜品进行保鲜和短期储藏，为市场提供源源不断的食用菌鲜品或可供进一步加工的原料，因此，食用菌加工厂宜建在菌类产品集中产地，这是向市场提供大量食用菌鲜品的重要条件，也可减少新鲜原料运输中可能的损失和浪费，以保证加工产品的品质优良。

三、综合性

食用菌加工厂应建成综合性食品加工企业，除了进行鲜品保鲜储藏加工外，还必须能进行食用菌盐渍加工、罐头制品加工以及即食品加工等，具有综合性、多功能，使加工厂的设施及人力资源得到充分利用。

四、合理性

规范化厂区布局必须合理，以方便连贯作业，缩短各道工序的间隔时间。

1. 厂区布局

一般的中小型加工厂由原辅料车间、加工车间、成品仓库及供（配）电室、供水及水处理设施、生活设施等几部分组成。生产加工车间、原料加工车间和成品仓库要求位置相对集中，以保证不受外来干扰。锅炉用煤和排出的渣灰要有专用的运输道路和进出口。生产区与生活区在布局上应有较大间距，以免造成互相干扰。厂区要较为平坦、开阔。规范化的加工厂区布局如图 3 – 4 所示。

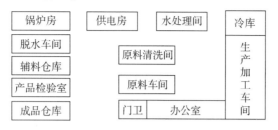

图 3 – 4　规范化的加工厂区布局

2. 建筑要求

厂房高度为 4.5 ~ 5.0 m，室内要求宽阔，采光及通风条件良好。要求有水泥地板及排水沟，以便清洗，要求有防蚊蝇尼龙纱门、纱窗。车间内墙面要用仿瓷涂料或加贴瓷砖，工作台面用水磨石或贴瓷砖。厂房自然通风，要有排风扇等装置。水管、电线与供气管道要统一布局，走向合理，以便检修。

3. 供排水设施

生产用水包括锅炉用水、清洗用水、配制产品用水、冷却用水等，水源一定要有保障。除冷却用水外，其他各种用水的水质要求符合国家"生活饮用水卫生标准"。锅炉用水要进行软化，使水硬度在规定标准范围内，即水总硬度 < 0.04 mg/L，pH 值在 10 ~ 12。所有用水均要求清晰、透明、无色、无臭、不带异味等。各地自来水虽经过不同程度的净化处理，但净化程度因水源不同和处理方法不同，水质差别较大。因此，必须事先经过分析检验，只有水质合格后才能利用。从江河、湖泊及地下抽取的水，必须经澄清、过滤、杀菌等净化工艺后才能使用。为了降低食用菌加工过程中造成的环境污染，一切排水都要有专门的下水管道排放。对于不适于直接排放的生活污水，还要修建专门的净化池，经净化后再排放。

4. 配套设备

（1）冷库，是一种将制冷机和冷藏室结合起来的装置，有效容积从几吨到数百吨不等。

（2）运输式冷藏装置。如冷藏车、冷藏船等，是远距离供货、保鲜的重要配套设备。

（3）气调冷藏库。气调冷藏库储藏是指通过控制和调节储藏空间气体成分，达到保鲜储藏目的的方法。目前，大量采用的是塑料薄膜帐和气调保鲜塑料袋，通过人工降氧法或自然降氧法，调节帐内和袋内的气体成分。气调库内氧气含量在 2% ~ 4%，二氧化碳含量在 3% ~ 5%，气温在 0 ~ 15℃。

第四章　食用菌加工技术

第一节　食用菌加工现状

一、食用菌加工概述

食用菌的加工已进入机械化阶段，主要加工形式是机械热风干燥、冷藏保鲜、浸渍和制罐加工。食用菌产品除了以往的脱水烘干制品、罐头制品、腌制品外，还开发了速冻制品、真空包装制品、饮料、调味品（香菇方便汤料、金针菇精、蘑菇酱油等）、方便食品（蘑菇泡菜、香菇脯、冰花银耳、茯苓糕、平菇什锦菜、食用菌蜜饯等）、保健品（虫草冲剂、灰树花保健胶囊、灵芝保健酒等）、药品（云芝糖肽，香菇多糖的针剂、片剂等）。

食用菌产品已进入精深加工的产业化阶段。食用菌深加工是改变食用菌的传统面貌，包括改进食用菌保鲜技术，充分利用原料加工成速食食品，科学提取食用菌多糖等有效成分，加工成药品、保健食品、化妆美容产品等。目前，我国利用大型真菌类加工的保健食品已进入商品化生产或尚在中试阶段的产品有 500 多种，其中主要有营养口服液类、保健饮料类、保健茶类、保健滋补酒类、保健胶囊类共 5 个系列的产品，市场潜力巨大，前景诱人。食用菌即食产品的市场潜力也很大，优点在于不用费时烹调，可以直接食用，作为休闲食品和餐桌佐餐受到消费者的好评。而随着生活节奏的日趋加快，忙碌的人们不愿动手烧菜，特别是旅游和出差的人，尤为喜爱美味的方便食品，因此应运而生的各种各样的方便食品很有发展潜力。

二、食用菌深加工产品从功能上分类

1. 普通食品类

包括保鲜食品，如保鲜香菇；方便食品，如速泡汤料；休闲食品，如菇类蜜饯；饮料类食品，如灵芝酒。

食用菌蜜饯是在制作果脯的基础上发展起来的，食用菌蜜饯糖渍后的含糖量在 65% 以上，以 70% 为适宜。其制作工艺为菇体整理、切刀和分级→杀青→菇胚腌制→保脆和硬化→硫处理→银耳蜜饯、金针菇蜜饯、蘑菇蜜饯、香菇蜜饯等。

食用菌饮料是在饮料制染色→糖制→烘晒和上糖衣→整理包装。市面上常见的蜜饯有白平菇蜜饯制作过程中加入菇体，参与发酵或浸渍，使菇体对人体有益的成分溶于饮料中，从而增加饮料的营养与药用价值。其基本方法是将菇体烘干后粉碎，加入水，通入蒸汽加热，并加入糖、酵母粉、柠檬酸等发酵，然后再加入菇粉、酵母和糖，继续发酵，静置过滤后即可得菇酒。近年来，已酿造成的食用菌酒有香菇酒、蘑菇酒、猴头酒、花粉灵芝蜜酒等。此外，还有食用菌风味饮料，风味饮料中加入的是菇体浸提液，以保持食用菌特有的风味。

2. 功能保健食品类

食用菌独特的营养和保健作用，可以开发如防治贫血、冠心病、气管炎、神经衰弱、糖尿病等不同剂型的功能性食品。

利用食用菌减肥、消脂、轻身的功能和特殊的抗氧化、缓衰老成分，可制成各类型的美容制品。食用菌保健饮品是指饮料类，如各种露、液等，其基本工艺是：水煮提取→过滤→配制→灌装。常见的有香菇露、香菇可乐、金菇露、木耳、椰子汁、灵芝液、香菇汽水、灵芝速溶茶等。

3. 药用食用原料类

从食用菌中提取菌菇多糖等价值成分，作为药品或辅助药品原料，如香菇多糖、灵芝多糖等。食用菌多糖是一种特殊的生物活性物质，是一种生物反应增强剂和调节剂，它能增强体液免疫和细胞免疫功能。食用菌多糖的抗病毒作用机制可能在于其提高感染细胞免疫力，增强细胞膜的稳定性，抑制细胞病变，促进细胞修复等功能。同时，食用菌多糖还具有抗反转录病毒活性的作用。因此，食用菌多糖是一种有待开发的抗流感的保健食品。

4. 农药制品

从食用菌中提取有关激素、生长素，制成生物增产素，还可以从食用菌中提取抗病毒的物质，防治植物病毒。

5. 观赏制品

塑造食用菌的形象，经过选苗、移栽、培土、造型等工序，将食用菌塑造成各种各样不同的形态，培植好的灵芝盆景高雅大方、雍容华贵，金针菇盆景姿态飘逸，分外妖娆。

三、食用菌深加工产品从加工方式分类

1. 简单加工

简单加工是目前食用菌加工的主要形式。①食用菌通过简单的烘干制成干品出口或内销。仅在湖北随州三里岗香菇市场，年成交额就近一亿元，是中南地区较大的香菇集散中心，有效地促进了随州地区及附近地区的香菇生产。②加工成罐头、腌制（糖制）产品。食用菌鲜品储藏时间有限，制成干品后损失了大量的营养及鲜味物质，失去了食用菌原有风味。通过简单加工成罐头、蜜饯或腌制品既能达到长期储存的目的，又能较好地保持食用菌的原有形状和风味，并增加产品的可视性和美观度，且食用快捷方便、安全卫生。

2. 其他产品

食用菌加工的产品还有很多，如发酵奶、保健饮料、食用菌冻干粉碎、美容产品、香菇糯米酒、香菇保健蛋糕、食用菌面包和平菇软糖加工等。这些食用菌产品多样，营养丰富，拓展了食用菌应用的空间。

食用菌深加工未来发展的方向应该是食用菌即食食品和食用菌功能食品。在国家"农产品加工业'十一五'发展规划中"关于食用菌加工是这样说的"加强食用菌加工和保鲜技术研究，提高产品质量和档次，增强国际市场竞争力；重点开发食用菌即食食品和保健食品，增加食用菌产品附加值；大力开展食用菌药用成分提取与利用研究，延长产业链，提高食用菌生产的综合效益"。

在浙江、福建、山东等食用菌主产区，建立一批食用菌生产加工基地，大力发展无公害、绿色和有机食用菌生产加工，积极推进食用菌即食食品、保健品及药物开发，从根本上提升我国食用菌行业发展水平。初加工主要在主产区进行布局，精深加工主要在中心城市布局。在食用菌加工产品结构中，力争初加工制品比例下降，不超过80%，即食、保健食品和药物制品比例上升，分别达到15%和5%。

四、食用菌深加工趋势产品

1. 蘑菇汤料

该产品采用香菇粉、平菇粉和茶树菇粉等多菇种复配技术，并结合酵母提取物等其他调味料精心调制而成，丰富了产品的内涵，使之味道更加鲜美醇厚，营养更加丰富，并且由于采用超微粉碎技术，使这些菇的粉末可溶解于水中，消费者只需将粉末用水冲泡，即可制得饮用菇饮品，非常符合现代人对食品方便性的需求。由于高的脱水率，保存方便，保质期长，无须防腐剂，常温下即可有极长的保质期。如果包装良好，保质期可超过五年。产品重量轻，储存不需要冷链、储藏、运输方便，经常性费用低。

2. 仿真素牛肉干

素牛肉采用天然香菇柄制作，保留了其中大量的可食性纤维、营养素及活性多糖。虽然口感柔韧，却不粗糙难嚼；风味类似牛肉干，使消费者在食用后，真正体味"吮指回味"的美妙感觉，素牛肉的健康营养作用更具独特优势。素牛肉既可用于休闲旅游时随身携带的方便佐餐食品，也可以用于业余时间的即食小食品，还可用于减肥辅助食品。因此，素牛肉是一款老少皆宜的休闲食品，其本身的一系列亮点，能够吸引各个阶层及不同年龄段和不同性别的消费者，对于生产者而言，素牛肉远较牛肉干成品低，原料较为丰富，是一种极具加工潜力的产品。而对于消费者来说则是物美价廉、物有所值的休闲小食品，相信素牛肉必然具有强势的市场竞争力。

3. 菌菇脆片

脆、酥、鲜、香；菇味浓郁、回味悠长，菌菇脆片是采用当今先进的生产技术，将优质菌菇（如香菇、鸡腿菇、白灵菇、杏鲍菇等）进行前期整理、清洗、切片，利用低温真空油炸设备进行真空低温油炸并在真空状态下进行脱油，然后进行调味品的调配，使产品独具特色，适应消费者的需求，最后经过严格检验包装而成的休闲保健食品。它不仅保留了菌菇的天然风味和营养成分，具有天然色泽，而且低糖、低盐、低脂肪、低热量、高营养，产品松脆可口，风味宜人。

4. 菌多糖膳食纤维胶囊

本产品以香菇优质膳食纤维为原料，配以超双歧因子，采用超微粉碎技术，使香菇多糖更易被人体所吸收。该产品能有效改善人体消化道环境，调节微生态平衡，提高人体免疫力和肠胃功能，临床研究表明，对慢性腹泻和一般性便秘都有很好的疗效。

第二节　食用菌的保鲜加工

食用菌的保鲜加工是食用菌产业化大生产这个链条中的一个重要组织环节，既是生产、流通、消费中不可或缺的环节，又是为食用菌产业化提供扩大再生产和增加效益的基础。由于食用菌采收后，仍进行呼吸作用和酶生化反应，导致褐变、菌柄伸长、枯萎、软化、变色、发黏、自溶甚至腐烂变质等，严重影响食用菌的外观、品质和风味，失去食用价值和商品价值，造成经济损失，严重地制约了食用菌生产。为了减少损失，调节、丰富食用菌的市场供应，满足国内外市场的需求，提高食用菌产业的效益，大规模进行食用菌生产必须对产品进行保鲜、储藏与加工。常用的保鲜方法有低温保鲜、低温速冻保鲜、气调保鲜、化学药剂保鲜、辐射保鲜、负离子保鲜等方法。

一、影响食用菌鲜度的因素

1. 温度

鲜菇的保鲜性能与其生理代谢活动关系密切。在一定的范围内，温度越高，鲜菇的生理代谢活动越强，物质消耗越多，保鲜效果越差。据试验，在一定温度范围内（5～35℃），温度每升高10℃，呼吸强度就增大1～1.5倍。所以，温度是影响食用菌保鲜的一个重要因素。

2. 水分与湿度

菇体水分直接影响鲜品的保鲜期。采摘食用菌鲜品前三天最好不要喷水，以降低菇体水分，延长保鲜期。另外，不同菇类在储藏过程中，对空气湿度的要求不一样。一般以95%～100%为宜，低于90%，常会导致菇体收缩而变色、变形和变质。

3. 气体成分

在储存鲜菇产品时，氧气浓度降至5%左右，可明显降低呼吸作用，抑制开伞。但是，氧气的浓度也不是越低越好，如果太低，会促进菇体内的无氧呼吸，基质消耗增多，不利于保鲜。几乎大多数菇类，在保鲜储藏期内，空气中的二氧化碳含量越高，保鲜效果越好。但二氧化碳浓度过高，对菇体则有损害。一般来说，空气中二氧化碳浓度以1%～5%比较适宜。

4. 酸碱度

酸碱度能影响菇体褐变。菇体内的多酚酶是促使变褐的重要因素。变褐不仅影响其外观，而且影响其风味和营养价值，使商品价值降低。当pH值为4～5时，多酚氧化酶活性最强，当pH值小于2.5或大于10时，多酚氧化酶变性失活，护色效果最佳。低pH值同时可抑制微生物的活性，防止腐败。

5. 病虫害

鲜菇保鲜时，常因细菌、霉菌、酵母等的活动而腐败变质。此外，菇蝇、菌螨等害虫也会严重地影响菇体的质量。食用菌即使在低温环境下，仍会受到低温菌的污染。

二、食用菌保鲜的方法

（一）低温保鲜

食用菌种类不同，低温储存温度也不相同，双孢蘑菇、香菇等大多数食用菌低温储存温度为0～5℃；草菇为高温型食用菌，其储存温度为10～15℃。低温保鲜的流程：鲜菇分级与精选→降湿→预冷→入库储藏，保鲜实例为香菇的低温保鲜。

1. 原料分级与精选

鲜菇要求菇形圆整，菇肉肥厚，卷边整齐，色泽深褐，菌盖直径在3.5 cm以上，菇体含水量低，无黏附杂物，无病虫感染。出口香菇通常采用三级制：大级菇（L级），菇盖直径在55 mm以上；中级菇（M级），菇盖直径为45～55 mm；小级菇（S级），菇盖直径为38～45 mm。

分级采用人工挑选或用分级圈进行机械分级，也可两者结合进行分级。在进行原料分级的同时，应剔除破损、脱柄、变色、有斑点、畸形及不合格的次劣菇，选好后应及时入库冷藏。有条件的地区可在冷库中进行分级和拣选，以确保鲜菇的质量。

2. 降湿处理

刚采收或采购的鲜香菇，其含水量一般在85%～95%，不符合低温储运保鲜的要求。因此，需要进行降湿处理，鲜菇因包装形式、冷藏时间的不同而有所差异。一般用作小包装的含水量控制在80%～90%；用作大包装的含水量控制在70%～80%；空运含水量可控制在85%以下；海运含水量大多控制在65%～70%。采用脱水机排湿，也可以采用晾晒排湿。机械排湿时，需要注意控制温度和排风量。

3. 预冷、冷藏

将降湿后的鲜菇倒入塑料周转筐内，入库后按一定的方式堆放，避免散堆。堆放时，货垛应距离墙壁30cm以上，垛与垛之间、垛内各容器之间都应留有适当的空隙，以利于库内空气流通、降温和保持库内温度分布均匀。垛顶与天棚或与冷风出口之间应留有80 cm的空间层，以防因离冷风口太近，引起鲜菇冻害。

4. 入库储藏

排湿后的鲜菇要及时送入冷藏库保鲜，冷藏库温度在1～4℃，储温越低，保鲜期越长。但不应降至0℃以下，以防引起冻害或不可逆的生理伤害。出入冷藏库时，要及时关闭库门，并尽量避免货物出入的次数过多。冷藏库空气相对湿度为75%～85%，如湿度过高，也可采用除湿器进行除湿。要注意通风换气，通常选在一天气温较低的时间进行，同时要结合开动制冷机械，以减缓库内温湿度的变化。

鲜菇起运前8～10小时，才可进行菇柄修剪工序。如提前进行剪柄，则容易变黑，会影响鲜菇质量。因此在起运之前必须集中人力突击剪柄，菇柄的长度一般为2～3 cm，剪柄后纯菇率为85%左右，然后继续入库，待装起运。

（二）速冻保鲜

低温速冻保鲜是指将保鲜物快速由常温降至–30℃以下储存。这种技术能较好地保持食品原有的新鲜程度、色泽和营养成分，保鲜效果良好。食用菌速冻保鲜的工艺流程为：原料选择→护色、漂洗→分级叶热烫、冷却→精选修整→排盘冻结→挂冰衣→装箱和冷藏，保鲜实例为双孢蘑菇的速冻保鲜。

1. 原料的准备和处理

选用菌盖完整，色泽正常，无严重机械损伤，无病虫害，菌柄切削平整，不带泥根的上等菇作为加工原料。

2. 护色、漂洗

先用 0.03% 焦亚硫酸钠液漂洗，捞出后稍沥干，再移入 0.06% 焦亚硫酸钠液浸泡 2 ~ 3 min 进行护色，随即捞出，用清水漂洗 30 分钟，要求二氧化硫残留量不超过 0.002%。

3. 分级

根据菌盖大小分级，小菇（S 级）15 ~ 25 mm，中菇（M 级）26 ~ 35 mm，大菇（L 级）36 ~ 45 mm。由于热烫后菇体会缩小，原料选用径级可比以上标准大 5 mm 左右。

4. 预煮（杀青）、冷却

将双孢蘑菇按大小分别投入煮沸的 0.3% 柠檬酸液中，大、中、小三级菇的热烫时间分别为 2.5 min、2 min 和 1.5 min，以菇心熟透为度。热烫液火力要猛，pH 值控制在 3.5 ~ 4。热烫时不得使用铁、铜等工具及含铁量高的水，以免菇体变色。热烫后的菇体迅速盛于竹篓中，于 3 ~ 5℃ 流水中冷却 15 ~ 20 min，使菇体温度降至 10℃ 以下。

5. 精选修剪

将菌柄过长、有斑点、严重机械损伤、有泥根等不符合质量标准的菇拣出，经修整、冲洗后使用，将特大菇、缺陷菇切片作为生产速冻菇片的原料加以利用，脱柄菇、脱盖菇、开伞菇应予以剔除。

6. 排盘、冻结

先将菇体表面附着的水分沥干，单个散放薄铺于速冻盘中，用沸水消毒过的毛巾擦干盘底积水，在 3 ~ 4℃ 预冷 20 min，在 - 40 ~ 30℃ 下冻结 30 ~ 40 min，冻品中心温度可达到 - 18℃。

7. 挂冰衣

将互相粘连的冻结双孢蘑菇轻轻敲击分开，使之分成单个，立即放入小竹篓中，每篓约 2 kg，置 2 ~ 5℃ 清水中，浸 2 ~ 3 s，立即取出竹篓，倒出双孢蘑菇，使菇体表面迅速形成一层透明的、可防止双孢蘑菇干缩与变色的薄冰衣。

8. 包装

采用边挂冰衣、边装袋、边封口的办法，将冻结双孢蘑菇装入无毒塑料包装袋中，并随即装入双瓦楞纸箱，箱内衬有一层防潮纸。

9. 冷藏

冻品需较长时间保藏时，应藏于冷库内，冷库温度应稳定在 - 18℃，库温波动不超过 ±1℃，相对湿度保持 95% ~ 100%，波动不超过 5%，应避免与气味或腥味等挥发性强的冻品一同储存，储藏期为 12 ~ 18 个月。

其他食用菌如草菇、平菇等，也可根据各自的商品规格和相关要求，参照上述方法进行速冻储藏。

（三）气调保鲜

气调保鲜就是通过人工控制环境中的气体成分以及温度、湿度等因素，达到安全保鲜的目的。一般是降低空气中氧气的浓度，提高二氧化碳的浓度，再以低温储藏来控制菌体的生命活动。食用菌气调保鲜多采用塑料袋装保鲜法，平菇每袋放 0.5 kg，在室温下，可保鲜 7 d；金针菇在 2~3℃下，可延长保鲜时间 6~8 d；草菇采用纸塑袋包装，并在袋上加钻 4 个微孔，置 18~20℃可保存 3~4 d；香菇放入 0~4℃可保鲜 15~20 d。

以气调储藏是现代较为先进有效的保藏技术，通常将气调分为自发气调、充气气调和抽真空保鲜。

1. 气调保鲜方法

（1）自发气调。一般选用 0.08~0.16 mm 厚的塑料袋，每袋装鲜菇 1~2 kg，装好后即封闭。由于薄膜袋内的鲜菇自身的呼吸作用，使氧气浓度下降，二氧化碳浓度上升，可以达到很好的保鲜效果。此种方法简单易行，但降氧速度慢，有时效果欠佳。

（2）充气气调。将菇体封闭入容器后，利用机械设备人为地控制储藏环境中的气体组成，使食用菌产品储藏期延长，储藏质量进一步提高。人工降低氧气浓度有多种方法，如充二氧化碳或充氮气法。充气气调储藏保鲜法效率高，但所需设备投资大，成本也高。

（3）抽真空保鲜。采用抽真空热合机，将鲜菇包装袋内的空气抽出，造成一定的真空度，以抑制微生物的生长和繁殖。常用于金针菇鲜菇小包装，具体方法是将新采收的金针菇经整理后，称重 105 g 或 205 g，装入 20 μm 厚的低密度聚乙烯薄膜袋，抽真空封口，将包装袋竖立放入专用筐或纸箱内，1~3℃低温冷藏，可保鲜 13 d 左右。

2. 气调保鲜的工艺流程

保鲜实例为双孢蘑菇气调保鲜：采摘→分选→预冷处理→气调储藏。

（1）采摘。一般在子实体七八分熟为好，采收时对采收用具、包装容器进行清洁消毒，并注意减少机械损伤。

（2）分选。采后应进行拣选，去除杂质及表面损伤的产品；清洗后剪成平脚，如有菇色发黄或变褐，放入 0.5% 的柠檬酸溶液中漂洗 10 min，捞出后沥干。

（3）预冷处理。将双孢蘑菇迅速预冷，预冷温度控制在 0~4℃。预冷可采用真空预冷或冷库预冷，真空预冷时间为 30 min 左右，冷库预冷时间为 15 h 左右。

在冷库预冷的同时用臭氧进行消毒，或采用装袋充臭氧消毒，臭氧浓度及时间应根据空间及产品数量计算确定。

（4）气调储藏。

1）自发气调。将双孢蘑菇装在 0.04~0.06 mm 厚的聚乙烯袋中，通过菇体自身呼吸造成袋内的低氧和高二氧化碳环境。包装袋不宜过大，一般以可盛装容量 1~2 kg 为宜，在 0℃ 下 5 d 品质保持不变。

2）充二氧化碳。将双孢蘑菇装在 0.04 ~ 0.06 mm 厚的聚乙烯袋中，充入氮气和二氧化碳，并使其分别保持在 2% ~ 4% 和 5% ~ 10%，在 0℃ 下可抑制开伞和褐变。

3）真空包装。将双孢蘑菇装在 0.06 ~ 0.08 mm 厚的聚乙烯袋中，抽真空降低氧气含量，0℃ 条件下可保鲜 7 天。

（四）化学保鲜

采用符合食品卫生标准的化学药剂处理鲜菇，通过抑制鲜菇体内的酶活性和生理生化过程，改变菇体酸碱度，抑制或杀死微生物，隔绝空气等，以达到保鲜目的。但使用化学品要慎之又慎，常用的化学保鲜方法如下。

1. 米汤膜保鲜

熬取稀米汤，同时加入 5% 小苏打（碳酸氢钠）或 1% 纯碱，溶解搅拌均匀后冷却至室温。将采下的鲜菇浸入米汤碱液中。5 min 后捞出，置于阴凉干燥处。菇体表面即形成一层薄膜，既隔绝空气，减少水分蒸发，又抑制了酶的活性，可保鲜 3 d。

2. 焦亚硫酸钠处理

先用 0.01% 的焦亚硫酸钠水溶液漂洗菇体 3 ~ 5 min，再用 0.1% ~ 0.5% 焦亚硫酸钠水溶液浸泡 30 min，捞出后沥去焦亚硫酸钠溶液，装袋储存在阴凉处，在 10 ~ 25℃ 下可保鲜 8 ~ 10 d，食用时，要用清水漂洗。焦亚硫酸钠不但具有保鲜作用，而且对鲜菇有护色作用，使鲜菇在运输储藏过程中，保持原有色泽不变。

3. 盐水浸泡

将整理后的鲜菇在 0.5% ~ 0.8% 食盐溶液中浸泡 10 ~ 20 min，因品种、质地、大小等确定具体时间，捞出后装入塑料袋密封，在 15℃ 的外部环境下，可保鲜 3 ~ 5 d，其护色和保鲜的效果非常明显。

4. 保鲜液浸泡

将 0.02% ~ 0.05% 浓度的抗坏血酸和 0.01% ~ 0.02% 的柠檬酸配成保鲜液。把鲜菇体浸泡在此液中，10 ~ 20 min 后捞出沥干水分，装入非铁质容器内，可保鲜 3 ~ 5 d，用此方法菇体色泽如新，整菇率高。

5. B_9 保鲜

根据鲜菇品种、质地及大小，配制 0.003% ~ 0.1% B_9 的溶液，将鲜菇浸泡 10 ~ 15 min 后，取出沥干，装袋密封，在室温下保鲜 8 d，能有效防止变褐，延长保鲜期。这种方法适用于双孢蘑菇、香菇、平菇、金针菇等菌类保鲜。

（五）负离子保鲜

将刚采下的菇体不经洗涤，在室温下封入 0.06 mm 厚的聚乙烯薄膜袋中。在 15 ~ 18℃ 下存放，每天用 1×10^5 个/cm^3 浓度的负离子处理 1 ~ 2 次，每次 20 ~ 30 min。经过处理的鲜菇可延长保鲜期和保鲜效果。

负离子对菇类有良好的保鲜作用，能抑制菇体的生化代谢过程，还能净化空气。负离子保鲜食用菌，成本低，操作简便，也不会残留有害物质。其中产生的臭氧，遇到抗体便分解，不会集聚。因此，负离子储藏是食用菌保鲜中的一种有发展前景的方法。

（六）辐射保鲜

辐射保鲜食用菌是一种成本低、处理规模大、见效显著的保鲜方法。用 ^{60}Co 等放射源产生的 γ 射线照射后，可以抑制菇体酶活性，降低代谢强度，杀死有害微生物，达到保鲜的效果。辐射储藏是食用菌储藏的新技术，与其他保藏方法相比有许多优越性。如无化学残留物，能较好地保持菇体原有的新鲜状态，而且节约能源，加工效率高，可以连续作业，易于自动化生产等优点。但这种保鲜方法对环境设备的要求十分高，使用放射源要向有关单位申请，一般只有科研机构和规模化企业才使用。

第三节　食用菌干制加工技术

食用菌的干制也称烘干、干燥、脱水等，它是在自然条件或人工控制条件下，促使新鲜食用菌子实体中水分蒸发的工艺过程，是一种被广泛采用的加工保存方法，适宜于脱水干燥的食用菌如香菇、草菇、黑木耳、银耳、猴头和竹荪等，干燥后不影响产品品质，香菇干制后风味反而超过鲜菇。但是平菇、猴头菇、滑菇一般以鲜食为好；金针菇、平菇等干制后，其风味、适口性变差。黑木耳和银耳主要以干制为主。经过干制的食用菌耐储藏，不易腐败变质，可长期保存。干制品对设备要求不高，技术并不复杂，易于掌握，食用菌常用的方法有晒干、烘干和热风干燥等。

一、干制原理

由于干制品所含可溶性固形物浓度相对提高，因而具有很高的渗透压，能使附在其上的腐败菌产生生理干旱，无法活动。菇体所含的游离水在干燥过程中容易排除，但化合水结合于组织内的化合物质中，在干燥过程中难以排除。菇体脱水是靠菇体表面水分汽化和菇体内水分向外扩散实现的。由于水分下降，酶的活性也受到抑制，这就是食用菌干制品能够长期保存的原理。

二、影响干燥作用的因素

在干燥过程中，干燥作用的快慢受许多因素的相互影响和制约。

1. 干燥介质的温度

空气中相对湿度减少 10%，饱和差就增加 100%，所以可采取升高温度，同时降低相对湿度来提高干制质量。食用菌干制时，特别是初期，一般不宜采用过高的温度，否则因骤然高温，组织中汁液迅速膨胀，易使细胞壁破裂，内容物流失，原料中糖分和其他有机物常因高温而分解或焦化，有损产品外观和风味，初期的高温低湿易造成结壳现象，而影响水分的扩散。

2. 干燥介质的相对湿度

在温度不变化情况下，相对湿度越低，则空气的饱和差越大，食用菌的干燥速度越快。升高温度的同时又降低相对湿度，则原料与外界水蒸气分压相差越大，水分的蒸发就越容易。

3. 气流循环的速度

干燥空气的流动速度越快，食用菌表面的水分蒸发也就越快。

4. 食用菌的种类和状态

食用菌种类不同，干燥速度也各不相同。原料切分的大小与干燥速度有直接关系。切分小，蒸发面积大，干燥速度也越快。

5. 原料的装载量

装载量的多少与厚度以不妨碍空气流通为原则。烘盘上原料装载量多，厚度大，则不利于空气流通，影响水分蒸发。在干燥过程中可以随着原料体积的变化，改变其厚度。干燥初期应薄些，干燥后期可厚些。

三、干制方法

菌类的干制可分为晒干法、烘烤法、热风干燥和冷冻干燥等方法。

1. 晒干法

晒干是指利用太阳光的热能使新鲜食用菌脱水干燥的方法，适用于竹荪、银耳、木耳等品种。该法的优点是不需设备，节省能源，简单易行。缺点是干燥时间长，风味较差，常受天气变化的影响，干燥度不足，易返潮。对于厚度较大、含水高的肉质菌类不太适合，很难晒至含水量 13% 以下，适于小规模培育场的生产加工。

采用晒干法时，应选择阳光照射时间长，通风良好的地方，将鲜菇（耳）薄薄地摊在苇席或竹帘上，厚薄整理均匀、不重叠。如果是伞状菇，要将菌盖向上，菇柄向下。晒到半干时，进行翻动。翻动时伞状菇要将菌柄向上，这样有利于子实体均匀干燥。在晴朗天气，3~5 d 便可晒干。晒干后装入塑料袋中，迅速密封后即可储藏。晒干所用时间越短，干制品质量越好。

木耳晒干法：选择耳片充分展开，耳根收缩，颜色变浅的黑木耳及时采摘。剔去渣质、杂物，按大小分级。选晴天，在通风透光良好的场地搭晒架，并铺上竹帘或晒席。将黑木耳薄薄地均匀撒摊在晒席上，在烈日下暴晒 1~2 d，用手轻轻翻动，干硬发脆，有哗哗响声为干。但需注意的是，在未干之前，不宜多翻动，以免形成"拳耳"；将晒干的耳片分级，及时装入无毒塑料袋，密封保藏于通风、干燥处。

2. 烘烤法

将鲜菇放在烘箱、烘笼或烤房中，用电、煤、柴作为热源，对易腐烂的鲜菇进行烘烤脱水的方法。此法的特点是干燥速度快，可保存较多的干物质，相对增加产品产量，同时在色、香、外形上均比晒干法提高 2~3 个等级。适于大规模生产和加工出口产品，烘干后产品的含水量在 10%~13%，较耐久储藏。

（1）烘箱干制法。烘箱操作时，将鲜菇摊放在烘筛上，伞形菇要菌盖向上，菌柄向下，非伞形菇要摊平。将摊好鲜菇的烘筛，放入烘箱搁牢，再在烘箱底部放进热源。烘烤温度不能太高，控制在 40~50℃ 为宜。若先把鲜菇晒至半干，再进行烘烤，既可缩短烘烤时间、节省能源，又能提高烘烤质量。

（2）烘房干制法。烘房干制法是指利用专门砌建的烘房进行食用菌脱水干燥的方法。一般菇进菇房前，应先将烤房温度预热到 40~50℃，进入菇房后要下降到 30~35℃。晴天采收的菇较干，起始温度可适当高一些。随着菇的干燥程度不断提高，缓慢加温，最后加到 60℃ 左右，一般不超过 70℃。整个烘烤过程因食用菌种类的不同和采收时的干湿程度不同而异，一般需要烘烤 6~14 h。在烘烤过程中必须注意通风换气，及时把水蒸气外逸出去。

烘烤时应运用正确的操作技术，否则会造成损失。以香菇为例，为使菇型圆整、菌盖卷边厚实、菇背色泽鲜黄、香味浓郁，必须把握好以下环节。香菇送入烘房前，事先要按菇体大小、干湿程度不同，分别摊放在烘筛上。摊放香菇时，要使菌盖向上，铺放均匀，互不重叠。烘筛上架时将鲜菇按大小、厚薄、朵形等整理分级：小菇放在下层，大菇放在上层，含水量低的放在下层，含水量高的放在上层。烘烤的温度，一般以 30℃ 为起始点，每小时升高 1~2℃，上升至 60℃ 时，再下降到 55℃。烘烤时，应及时将蒸发的水汽排除。至四五成干时，应逐朵翻转。香菇体积缩小后，应将上层菇并入下层筛中，再将鲜菇放入上层空筛中烘烤。香菇干燥所需的时间，小型香菇为 4~5 h，中型菇为 5~10 h，大型菇为 10~12 h。随着菇体内水分的蒸发，如烘房内通风不畅会造成湿度升高，会导致色泽灰褐，品质下降。要注意排湿、通风。

用手指甲掐压菇盖，感觉坚硬，稍有指甲痕迹；翻动时，发出"哗哗"的响声；香味浓，色泽好，菌褶清晰不断裂，表明香菇已干，可出房、冷却、包装。

3. 热风干燥法

采用热风干燥机产生的干燥热气流过物体表面，干湿交换充分而迅速，高湿的气体及时排走，其脱水速度快，脱水效率高，节省燃料，操作容易，干度均匀，菇体不变色、变质，适宜大量加工。

热风干燥机用柴油作为燃料，设有一个燃烧室和一个排烟管，将燃烧室点燃，打开风扇，验证箱内没有漏烟后，即可将食用菌烘筛放入箱内进行干燥脱水。干燥温度应掌握先低、后高、再低的曲线，可以通过调节风口大小来控制，干燥全过程需 8 ~ 10 h。

4. 冷冻干燥

先将菇体中的水分冻成冰晶，然后在较高真空环境下将冰直接汽化而除去。为了做到长期保藏，最好采用真空包装并在包装袋内充氮。如双孢蘑菇的冷冻干燥工艺是：将蘑菇放入密闭容器中，在 −20℃ 下冷冻，然后在较高真空条件下缓缓升温，经 10 ~ 12 h，因升华作用而使蘑菇脱水干燥。经过这种处理的蘑菇具有良好的复原性，只要在热水中浸泡数分钟便可恢复原有形状，除硬度略逊于鲜菇外，其风味与鲜菇几乎没有差别。

以上几种干制技术都是间接干燥，都是以空气为干热介质，热力不直接作用于加工制品上，造成很大的能源浪费。近年来，现代化的干燥设备和相应的干燥技术有了很大的发展，例如，远红外技术、微波干燥、真空冷冻升华干燥、太阳能的利用、减压干燥等，这些新技术应用到食用菌的干燥上，具有干燥快、制品质量好等特点，是今后干制技术的发展方向。

第四节　食用菌腌制加工技术

一、腌制原理

腌制是让食盐渗入菇体组织内，降低其水活度，提高菇体的渗透压，以控制微生物的生长活性，抑制腐败菌的生长，从而防止食用菌腐败变质，保持其商品价值，其制品称为盐水菇。食盐属高渗透压物质，质量浓度为 10 g/L 的食盐溶液可以产生 610 kPa 的渗透压。生产盐水菇用的食盐溶液质量浓度可达 350 g/L，能产生 20 MPa 以上的渗透压，菇体组织中的水分和可溶性物质外渗，盐水渗入，最后达到平衡，使菇体组织也有很高的渗透压。一般微生物细胞液的渗透压为 350 ~ 1 670 kPa，一般细菌则为 300 ~ 600 kPa。食盐溶液的渗透压则高得多，使附着在菇体表面的有害微生物细胞内的水分外渗，原生质收缩，质壁分离，造成生理干燥，迫使微生物处于假死状态或休眠状态，甚至死亡，从而达到防止腐烂变质的目的。

食盐溶解后就会离解，并在每一离子的周围聚集着一群水分子，也就是离子水化。水化离子周围的水分聚集量占总水分量的比例随着盐分浓度的提高而增加，水分活度则随之降低，也抑制了微生物的生长；而高浓度食盐离解产生高浓度的钠离子和氯离子，造成微生物所需的离子不平衡，产生单盐毒害，同样抑制了微生物的活动，食盐对微生物分泌的酶活力也有破坏。由于氧很难溶解在盐水中，在盐液中形成了缺氧环境，需氧菌是难以生长的。

二、食用菌腌制方法

不同的腌制方法和不同的腌制液，可腌制出不同的产品、不同的口味。

1. 盐水腌制

利用盐水的高渗透性来抑制微生物活动，避免在保藏期中因微生物活动而腐败。如盐水双孢蘑菇、盐水平菇、盐水金针菇和盐水香菇等。

2. 糟汁腌制

先配制糟汁，一般配方（以 1 000 g 菇计）为：酒糟 2 g，蔗糖 80 g，食糖 250 g，食盐 180 g，味精 16 g，辣椒粉 8 g，35% 酒精 220 mL，山梨酸钾 2.8 g。将上述各料混合均匀后备用。将冷却后的菇体放入陶瓷容器中，撒一层糟汁腌制剂放一层菇体，依次重复地摆放下去，直到放完为止。糟汁腌制好后，每天翻动 1 次，7 天后腌制结束。糟制最好在低温下进行，因为高温下糟制微生物活动频繁，糟制品则易腐败变质。

3. 酱汁腌制

先配酱汁，腌制 1 000 g 食用菌的酱汁配方为：豆酱 2 000 g，食醋 40 mL，柠檬酸 0.2 g，蔗糖 400 g，味精 8 g，辣椒粉 4 g，山梨酸钾 3 g，将上述各料充分混合备用。腌制时，操作方法与糟汁腌制法相同，也要在陶瓷容器中腌制，按照一层酱汁一层菇的摆放。

4. 醋汁腌制

腌制 100 g 食用菌的醋汁配方为：醋精 3 mL，月桂叶 0.2 g，胡椒 1 g，石竹 1 g。将调料一并放入沸水中搅拌，同时放入菇体，煮沸 4 min，然后取出菇体，装进陶瓷或搪瓷容器中，再注入煮沸过的、浓度为 15%～18% 的盐液，最后密封保存。

三、食用菌腌制的工艺流程

选料→护色→漂洗→预煮（杀青）→冷却→腌制→分级包装。

下面以盐水腌制为例说明食用菌腌制操作要点。

1. 原料菇的选择与处理

菇形圆正，肉质厚，含水分少，组织紧密，菇色纯正，无泥根，无病虫害，无空心。如双孢蘑菇要切除菇柄基部；平菇应把成丛的逐个分开，淘汰畸形菇，并将柄基部老化部分剪去；滑菇则要剪去硬根，保留嫩柄 1～3 cm 长。要求当天采收，当天加工，不能过夜。

2. 护色、漂洗

及时用 0.5%~0.6% 盐水洗去菇体的杂质，接着用 0.005 mol/L 柠檬酸溶液（pH 值为 4.5）漂洗，防止菇体氧化变色。若用焦亚硫酸钠溶液漂洗，先用 0.02% 焦亚硫酸钠溶液漂洗干净，再用 0.05% 焦亚硫酸钠溶液浸泡 10 分钟，后用清水漂洗 3~4 次，使焦亚硫酸钠的残留量不得超过 0.002%。

3. 预煮（杀青）

使用不锈钢锅或铝锅，加入 5%~10% 的盐水，烧至盐水沸腾后放经漂洗后的菇体，水与菇比例为 10:4，不宜过多，火力要猛，水温保持在 98℃ 以上，并经常用木棍搅动、捞去泡沫。煮制时间依菇的种类和个体大小而定，掌握菇柄中心无夹生，就要立即捞出。杀青应掌握以菇体投入冷水中下沉为度，如漂起则煮的时间不足，一般双孢蘑菇需 10~12 min，平菇需 6~8 min。锅内盐水可连续使用 5~6 次，但用 2~3 次后，每次应适量补充食盐。

4. 冷却

煮制的菇体要及时在清水中加以冷却，以终止热处理，若冷却不透，则容易变色、变质，一般用自来水冲淋或分缸轮流冷却。

5. 盐渍

容器要洗刷干净、消毒后用开水冲洗。冷却后的菇体沥去清水，按每 100 kg 加 25~30 kg 食盐的比例逐层盐渍。缸内注入煮沸后冷却的饱和盐水。表面加盖帘，并压上卵石，使菇浸没在盐水内。

6. 翻缸（倒缸）

盐渍后 3 天内必须翻缸一次，以后 5~7 d 翻缸一次。经常用波美比重计测盐水浓度，使其保持在 23℃ 左右，低了就应倒缸。缸口要用纱布和缸盖盖好。

7. 装桶

将浸渍好的菇体捞起，沥去盐水，5 分钟后称重，装入专用塑料桶内，每桶按定量装入。然后注满新配制的 20% 盐水，用 0.2% 柠檬酸溶液调节 pH 值在 3.5 以下，最后加盖封存。此法可以保存产品一年左右。

食用时用清水脱盐，或在 0.05 mol/L 柠檬酸液（pH 值 =4.5）中煮沸 8 min。

第五节　食用菌罐头加工技术

将新鲜食用菌经过一系列的处理之后，装入特制的容器内，经过抽气密封、隔绝外界空气和微生物，再经过加热杀菌，便能在较长时间内保藏食用菌，其保藏的产品称为食用菌罐头。按罐藏内容物的组成和制造目的不同，食用菌罐头可分为两大类。以食用菌整菇、片菇或碎菇为主要原料，注入适当浓度的盐水作为填充液，称为清水罐头，主要用于菜肴的烹调加工，是当前食用菌罐头生产的主要类型。将菇类和肉、鸡、鸭等原料配制，经烹调加工制成的罐头，如蘑菇猪肚汤等复合式食用菌罐头，可直接食用。食用菌罐头厂一般采用马口铁罐和玻璃瓶罐，也有采用复合塑料薄膜袋包装。我国食用菌罐头生产大约从 20 世纪 50 年代开始，一直发展至今。目前，蘑菇罐头已成为中国出口罐头的拳头产品，除此之外，还有草菇罐头、香菇罐头、金针菇罐头等新品种，并已批量出口。

一、罐头加工原理

食用菌罐藏品能较长时间保藏的主要原理是：罐藏容器是密封的，隔绝了外界的空气和各种微生物。在制罐过程中，密闭在容器里的食用菌及制品经过高温灭菌，罐内微生物的营养体被完全杀死，但可能有极少数微生物孢子体没有被杀死。如果是好气性的，由于罐内形成一定的真空而无法活动；如果是厌气性的，罐藏品仍有变质的危险，所以，罐藏品有一定的保藏期限，通常为两年。由于高温灭菌也破坏了菇体的一切酶系统，使菇体内的一切生理生化反应不能进行，防止菇体变质。

二、罐头生产工艺

1. 原料准备

（1）选择好原料菇。它必须符合制罐等级标准并应及时加工处理。

（2）漂白护色。将菇体置于质量浓度为 0.3 g/L 的焦亚硫酸钠溶液中浸 2～3 min，再倒入质量浓度为 1 g/L 的焦亚硫酸钠溶液中漂白为止，然后用清水洗净。

（3）预煮。将菇体放入已烧开的 2% 食盐水中煮熟但不烂，可抑制酶活性，防止酶引起的化学变化；排除菇体组织内滞留的气体，使组织收缩、软化，减少脆性，便于切片和装罐，也可减少铁皮罐的腐蚀。

（4）冷却。将煮过的原料迅速放入流水中冷却，采用滚筒式分级机或机械振荡式分级机进行分级。

2. 装罐

空罐使用前用 80℃ 的热水消毒。装罐用手工或罐机装罐，因为成罐后内容物重量减少，一般装罐时应增加规定量的 10%～15%。

3. 注液

注入汤液可增加风味，排除空气，有利于在灭菌、冷却时加快热的传递速度。汤液一般含 2%～3% 的食盐或 0.12% 的柠檬酸，有的还加 0.1% 的抗坏血酸。

4. 排气抽真空

排气最重要的目的是除去罐头内的所有空气。空气中的氧气会加速铁皮腐蚀，排气后可以使罐头的底盖维持一种平坦或略向内凹陷的状态，这是正常良好罐头食品的标志。排气有两种方法：一种是原料装罐注液后不封盖，通过加热排气后封盖；另一种是在真空室内抽气后，再封盖。

5. 封罐

封罐的目的主要是防止腐败性细菌侵入。较早使用手工焊合封盖，现在普遍使用双滚压缝线封罐机，有手摇、半自动、全自动和真空封罐机。

6. 灭菌

其目的是使罐头内容物不致受微生物的破坏，一般采用高压蒸汽灭菌。采用高温短时间灭菌对保持产品的质量有益。蘑菇罐头灭菌温度为 113 ~ 121℃，灭菌时间为 15 ~ 60 min。

7. 冷却

灭菌后的罐头应立即放入冷水中迅速冷却，以免色泽、风味和组织结构遭受大的破坏。玻璃罐冷却时，水温要逐步降低，以免玻璃罐破裂。冷却到 35 ~ 40℃时，则可取出罐头擦干；抽样检验，打印标志并进行包装储藏。

第五章 食用菌的加工

食用菌的加工，包括采收与标准化分级、加工等内容，加工又分为初级加工和深加工。初级加工是指对食用菌的一次性的不涉及对其内在成分改变的加工；深加工是指对食用菌二次以上的加工，主要是指对各种营养成分、活性成分的提取和利用。初级加工使食用菌发生量的变化，深加工使其发生质的变化。

干制、高渗浸渍、食用菌食品加工等属于初级加工；提取食用菌中具有较高营养、药用或其他特殊价值的特定物质成分，进而生产具有更高附加值产品的生产过程属于深加工。

第一节 食用菌产品的采收与标准化分级

一、食用菌产品的采收

食用菌的鲜菇，一般应在七八成熟时采收，也可按商家要求而定，具体要求如下：

（1）菌株（品种）适宜。

（2）基质符合要求。

（3）栽培地 1 km² 内无化工厂、医院、畜禽养殖场、垃圾处理站、废品堆、粪肥处理厂等。

（4）栽培原料药残留量小于或等于相关标准。

（5）栽培过程不使用违禁药物或添加剂。

（6）设备、工具、材料等不得含有禁用成分。

（7）鲜菇不老化、无虫蛀、无虫卵、无病害等。

二、食用菌的标准化分级

食用菌的商品分级，不同地区、不同年代有不同的标准，本书列出的标准仅供参考。在实际工作中，应首先查询最新的国家标准、行业标准或地方标准，出口、出境产品还要了解进口国（境）的标准。同一种食用菌经过不同的加工、保藏而得到不同的产品，如鲜菇、干品、罐头、盐渍品等，则执行相应不同的分级标准。假如查不到相关标准，则按实际工作经验或与商家协商而定。

不同食用菌的分级标准不同。一般原则包括：①肉质伞菌：测定菌蕾大小、色泽、开伞程度、菌盖边缘是否齐整，菌盖卷边，菌盖厚度，菌盖上的花纹，菌盖直径，菌柄长度、颜色、香味、含水量、杂质、虫霉程度等。②耳类食用菌：测定菇耳的颜色，结块结团状，蒂头的大小，耳膜的厚度，耳膜的褶皱度，含水量、杂质、虫霉程度等。③块菌类：测定菌块大小、形状、颜色、切面颜色、泥沙杂物、香味等。④木栓质食用菌：测定菌盖形状，菌盖上花纹，菌盖大小、厚度、颜色，菌柄着生位置、颜色等。⑤特殊食用菌：虫草、天麻、竹黄等，根据形态特征，先鉴别是否是真正品种，再进行评级。

（一）香菇

1. 鲜香菇

一级：菌盖直径 5.5~7 cm，圆整，色泽正常棕褐；菌柄长度不大于菌盖半径，切削平整；无虫蛀，无破碎。

二级：菌盖直径 4.5~5.4 cm，圆整，色泽正常；菌柄长度不大于菌盖半径，切削平整；无虫蛀，无破碎。

三级：菌盖直径 3~4.4 cm，圆整，色泽正常；菌柄长度不大于菌盖半径，切削平整；无虫蛀，少量破碎。

2. 干香菇

干香菇一般分为三类，分别是花菇、厚菇、薄菇，每类又分为三级。NY/T1061—2006《香菇等级规格》中将香菇分为特级、一级、二级，各等级规定标准见表5-1。

表5-1 干香菇等级

类别	项目	特级	一级	二级
干花菇	菌褶颜色	米黄至淡黄色		淡黄色至暗黄
	形状	扁平球形稍平展或伞形，菇形规整		扁平球形稍平展或伞形
	菌盖厚度/cm	>1.0	>0.5	>0.3
	菌盖表面花纹	花纹明显，龟裂深	花纹较明显，龟裂较深	花纹较少，龟裂浅
	开伞度/分	<6	<7	<8
	虫蛀菇、残缺菇、碎菇体	无	<1.0%	1.0%~3.0%

类别	项目	特级	一级	二级
干厚菇	菌盖颜色	菌盖淡褐色至褐色，或黑褐色		
	形状	扁平球形稍平展或伞形，菇形规整		扁平球形稍平展或伞形
	菌褶颜色	淡黄色	黄色	暗黄色
	菌盖厚度/cm	>0.8	>0.5	>0.3
	开伞度/分	<6	<7	<8
	虫蛀菇、残缺菇、碎菇体	无	<2.0%	2.0%～5.0%
干薄菇	菌盖颜色	菌盖淡褐色至褐色		
	形状	扁平球形稍平展，菇形规整		扁平球形平展
	菌褶颜色	淡黄色	黄色	暗黄色
	菌盖厚度/cm	>0.4	>0.3	>0.2
	开伞度/分	<7	<8	<9
	虫蛀菇、残缺菇、碎菇体	<1.5%	1.5%～3.0%	3.0%～5.0%

（二）双孢蘑菇

1. 鲜双孢蘑菇

NY/T 1790—2009《双孢蘑菇等级规格》中对同一包装的新鲜双孢蘑菇提出了以下要求：无异种菇；无异常外来水分；无异常气味或滋味；无霉变、腐烂，无病虫损伤；采收时应切去菇脚，菇柄切削平整，不带泥土；无虫体、毛发、动物排泄物、金属等异物。等级划分应符合如表5-2所示的规定。

表5-2　新鲜白色双孢蘑菇等级

项目	特级	一级	二级
菇体颜色	白色，无机械损伤或其他原因导致的色斑	白色，有轻微机械损伤或其他原因导致的色斑	白色，有机械损伤或其他原因导致的色斑
菇体形状	圆形或近圆形，形态圆整，表面光滑，菇盖无凹陷；菇柄长度不大于1 cm；无畸形菇、变色菇和开伞菇。无机械损伤或其他伤害	圆形或近圆形，形态圆整，表面光滑，菇盖无凹陷；菇柄长度不大于1.5 cm；畸形菇、变色菇和开伞菇总量小于5%。轻度机械损伤或其他伤害	圆形或近圆形，形态圆整，表面光滑，菇盖无凹陷；菇柄长度不大于1.5 cm；畸形菇、变色菇和开伞菇的总量小于10%。菇体有损伤，但仍有商品价值

以新鲜双孢蘑菇菌盖直径来划分双孢蘑菇的规格，分三种，见表5-3。

表5-3　新鲜白色双孢蘑菇规格

规格	小（S）	中（M）	大（L）
菌盖直径	<2.5 cm	2.5～4.5 cm	>4.5 cm
同一包装中直径最大和最小的差异	≤0.7 cm	≤0.8 cm	≤0.8 cm

2. 双孢蘑菇罐头原料收购的质量分级标准

（1）一级。色泽洁白，肉质肥厚粗壮，菇形圆整，未开伞；菌盖直径为 2.0 ~ 4.5 cm，菌柄长不超过 1.0 cm，切削平整，无空心、白心，无污泥、虫蛀、锈斑、机械损伤，无异味，有菇香。

（2）二级色泽洁白，菌盖直径为 2.0 ~ 4.5 cm，菌柄长不超过 1.0 cm，允许有薄皮菇、稍有畸形和轻度白心、空心，无污泥、虫蛀、锈斑、机械损伤，无异味。

（3）三级色泽洁白，菌盖直径为 2.0 ~ 4.5 cm，菌柄长不超过 1.5 cm，切削平整，包括白心、空心、畸形、伤斑菇及未开伞的薄皮菇；无污泥、虫蛀，无异味。

（4）等外略有开伞但菌褶不发黑，无污泥，无异味，无死菇。

（三）黑木耳

1. 鲜黑木耳

NY/T1838—2010《黑木耳等级规格》中对黑木耳提出了以下要求：无异种耳；含水量不超过14%；无异味；无流失耳、虫蛀耳和霉烂耳；清洁，几乎不含任何可见杂质。同时，按形态和质地不同，将黑木耳分为三个等级，各等级应符合如表 5 - 4 所示的规定。

表 5 - 4　黑木耳等级

项目	特级	一级	二级
色泽	耳片腹面黑褐色或褐色，有光亮感，背面暗灰色	耳片腹面黑褐色或褐色，背面暗灰色 面暗灰色	黑褐色至浅棕色
耳片形态	完整、均匀	基本完整、均匀	碎片≤5.0%
残缺耳	无	<1.0%	≤3.0%
拳耳	无	无	≤1.0%
薄耳	无	无	≤0.5%
厚度/mm	≥1.0	≥0.7	—

按黑木耳朵片大小过圆形筛孔直径，划分为三种规格，单片黑木耳和朵状黑木耳规格应符合如表 5 - 5 所示的要求。

表 5 - 5　黑木耳规格

类别	小（S）	中（M）	大（L）
单片黑木耳过圆形筛孔直径/cm	0.6 ~ 1.1	1.1 ~ 2.0	≥2.0
朵状黑木耳过圆形筛孔直径/cm	1.5 ~ 2.5	2.5 ~ 3.5	≥3.5

2. 干黑木耳

（1）我国传统的干木耳分级标准。

1）甲级（春耳）：春耳以小暑前采收者为主，表面青色，底灰白，有光泽，朵大肉厚，膨胀率大；肉层坚韧，有弹性，无泥沙虫蛀，无卷耳、拳耳（由于成熟过度，久晒不干，粘连在一起的）。

2）乙级（伏耳）：伏耳以小暑到立秋前采收者为主，表面青色，底灰褐色，朵形完整，无泥沙虫蛀。

3）丙级（秋耳）：秋耳以立秋以后采收者为主，色泽暗褐，朵形不一，有部分碎耳、鼠耳（小木耳），无泥沙虫蛀。

4）丁级：不符合上述规格，不成朵或碎片占多数，但仍新鲜可食者。

（2）全国实施的干木耳收购标准。

1）一级：色泽纯黑，有光泽，朵大肉厚，体轻质细，无碎屑杂质，无小耳，无僵块，无霉烂。

2）二级：色泽黑，朵形完整，无僵块，无霉烂，耳根棒皮及灰屑不超过1%。

3）三级：色泽黑而稍带灰白，朵形不一，有部分碎，无泥杂虫蛀。

4）四级：不合以上规格，不成朵或碎耳占多数，无杂质，无霉变。

（四）草菇

1. 鲜草菇、草菇干

根据广州市农业技术规范（DB 440100/28—2003），鲜草菇分级如表5-6所示，草菇干分级如表5-7所示。

表5-6 鲜草菇分级

项目	一级	二级	三级
结实度	结实	较结实	疏松
菌膜		未破	
菇径/cm	2.5~3.5	2.0~2.4	1.5~1.9
形状		卵圆形	卵圆形顶部较尖（菇体伸长）
颜色		灰黑色、灰褐色（黑色品系）或灰白色、白色（白色品系）、肉白色	
气味		具有鲜草菇特有香味，无异味	
杂质		无	
混人物		不得有毒菇、畸形菇、霉变菇、异种菇	
破损菇/%	0	1	2

表5-7 草菇干分级

项目	一级	二级	三级
形状	菇片完整结实、无脱褶	菇片完整、较松	菇片完整结实、松
菇径/cm	≥2.0，均匀	≥1.5	≥1.0
长度/cm	≥3.5	≥3.0	≥2.5

项目	一级	二级	三级
颜色	切面淡黄色	切面深黄色	切面色暗
气味		具有草菇干特有的香味，无异味	
杂质		无	
混入物		不得有毒菇、畸形菇、霉变菇、异种菇	

2. 罐装原料

（1）一级：菇呈灰色、褐色或灰褐色，横径 2～4 cm（每个应小于 25 g），新鲜幼嫩，菇体完整、无霉烂、无异味，无破裂，无机械损伤，无病虫，无死菇，无表面发黄、发黏、萎缩积压变质现象；不开伞，不伸腰，允许轻微畸形，菇脚切面平整，不带泥沙杂质，主要用来做整粒的划菇罐头。

（2）二级：菇体新鲜完整，横径为 2.0～4.5 cm；无霉烂，无破裂，无病虫，不开伞，允许小伸腰、畸形和表面轻度变色，无泥沙杂质，一般用来于做草菇片罐头。

（五）鲜金针菇

1. 一级

菇形完整，菌盖呈白色，菌盖直径小于 1 cm，盖内卷呈半球形，菌柄长 13～16 cm，白色或 2/3 白色、1/3 为淡黄色，基部修剪干净不粘连，无畸形菇、无病虫害、无斑点、无霉烂变质及杂质，具有鲜金针菇应有的自然滋味和气味。

2. 二级

菇形完整，菌盖呈白色或淡黄色，菌盖直径小于 1.5 cm，盖内卷呈半球形。菌柄长 10～18 cm，白色或 1/3 白色、2/3 为淡黄色或金黄色，基部修剪干净。无畸形菇、无病虫害、无霉烂变质及杂质，具有鲜金针菇应有的自然滋味和气味。

3. 三级

菇形较完整，菌盖呈白色、金黄色或淡咖啡色，菌盖直径小于 2.5 cm，菌柄长 6～20 cm，无明显纤维质感，基部修剪干净。无畸形菇、无病虫害、无霉烂变质及杂质，具有鲜金针菇应有的自然滋味和气味。

（六）平菇

根据《中华人民共和国农业行业标准平菇等级规格》（NY/T 2715—2015）规定，平菇基本要求：无异种菇；外观新鲜，发育良好，具有该品种应有的特征；无异味、无腐烂；无严重机械伤；无病虫害造成的损伤；无异常外来水分；清洁、无肉眼可见的其他杂质、异物。

各等级应符合如表 5-8 所示的规定。

表 5 - 8 平菇等级要求

等级	特级	一级	二级
色泽	具有该品种自然颜色，且色泽均匀一致，菌盖光洁，无异色斑点	具有该品种自然颜色，且色泽较均匀一致，菌盖光洁，允许有轻微异色斑点	具有该品种自然颜色，且色泽基本均匀一致，菌盖较光洁，带有轻微异色斑点
形态	扇形或掌状，菌盖边缘内卷，菌肉肥厚，菌柄基部切削平整，无渍水状、无黏滑感	扇形或掌状，菌盖边缘稍平展，菌肉较肥厚，菌柄基部切削较平整，无渍水状、无黏滑感	扇形或掌状，菌盖边缘平展，菌柄基部切削允许有不规整存在
残缺菇/%	≤8.0	≤10.0	≤12.0
畸形菇/%	无	≤2.0	≤5.0

平菇规格，以菌盖直径为指标，划分为小（S）、中（M）、大（L）三种，应符合如表 5 - 9 所示的规定。

表 5 - 9 平菇规格 单位：cm

类别	小（S）	中（M）	大（L）
糙皮侧耳	<6.0	6.0~8.0	>8.0
白黄侧耳	<2.8	2.8~4.0	>4.0
肺形侧耳	<4.0	4.0~5.0	>5.0

三、食用菌卫生标准

根据中华人民共和国农业行业标准 NY 5095—2002《无公害食品香菇》、NY5097—2002《无公害食品双孢蘑菇》和 NY 5098—2002《无公害食品黑木耳》，卫生标准必须符合如表 5 - 10 ~ 表 5 - 12 所示的规定。

表 5 - 10 无公害香菇的卫生指标

项目	指标/（mg·kg^{-1}）	
	干香菇	鲜香菇
砷（以 As 计）	≤1	≤0.5
汞（以 Hg 计）	≤0.2	≤0.1
铅（以 Pb 计）	≤2	≤1
镉（以 Cd 计）	≤1	≤0.5
亚硫酸盐（以 SO$_2$ 计）	≤50	
多菌灵（carbendazim）	≤0.5	
敌敌畏（dichlorvos）	≤0.5	

注：根据《中华人民共和国农药管理条例》，剧毒和高毒农药不得在蔬菜（包括食用菌）生产中使用。

表 5-11 无公害双孢蘑菇的卫生指标

项目	指标/（mg·kg⁻¹）	项目	指标/（mg·kg⁻¹）
砷（以 As 计）	≤0.5	六六六（BHC）	≤0.1
汞（以 Hg 计）	≤0.1	滴滴涕（DDT）	≤0.1
铅（以 Pb 计）	≤1	多菌灵（carbendazim）	≤0.5
镉（以 Cd 计）	≤0.5	敌敌畏（dichlorvos）	≤0.5
亚硫酸盐（以 SO_2 计）	≤50		

注：根据《中华人民共和国农药管理条例》，剧毒和高毒农药不得在蔬菜（包括食用菌）生产中使用。

表 5-12 无公害黑木耳的卫生指标

项目	指标/（mg·kg⁻¹）	项目	指标/（mg·kg⁻¹）
砷（以 As 计）	≤1	多菌灵（carbendazim）	≤0.5
汞（以 Hg 计）	≤0.2	敌敌畏（dichlorvos）	≤0.5
铅（以 Pb 计）	≤2	百菌清（chlorothalonil）	≤1
镉（以 Cd 计）	≤1		

注：根据《中华人民共和国农药管理条例》，剧毒和高毒农药不得在蔬菜（包括食用菌）生产中使用。

根据广州市农业技术规范（DB440100/28—2003），草菇的安全指标应符合表 5-13 的规定。

表 5-13 草菇安全指标

项目	指标/（mg·kg⁻¹）	
	鲜草菇	草菇干
砷（以 As 计）	≤0.5	≤1
汞（以 Hg 计）	≤0.1	≤0.2
铅（以 Pb 计）	≤1	≤2
镉（以 Cd 计）	≤0.5	≤1
亚硫酸盐（以 SO_2 计）	≤50	
多菌灵（carbendazim）	≤0.5	
敌敌畏（dichlorvos）	≤0.5	
乐果（dimelhoate）	≤0.1	

注：根据《中华人民共和国农药管理条例》，剧毒和高毒农药不得在蔬菜（包括食用菌）生产中使用。

根据（GB 7096—2014）《食品安全国家标准食用菌及其制品》，理化指标应符合表 5-14 的规定；污染物限量应符合 GB 2762—2017 的规定；农药残留限量应符合 GB 2763—2016 的规定；即食食用菌制品致病菌限量应符合 GB 29921—2013《食品中致病菌限量》中即食果蔬制品类的规定；食品添加剂的使用应符合 GB 2760—2014《食品添加剂使用标准》的规定。

表 5 – 14   食用菌及其制品的理化指标

项目	指标	检验方法
水分/（g/100 g）		
香菇干制品	≤13	GB 5009.3—2016
银耳干制品	≤15	《食品中水分的测定》
其他食用菌干制品	≤12	
米酵菌酸/（mg/kg）		GB/T 5009.189—2016
银耳及其制品	≤0.25	《食品中米酵菌酸的测定》

第二节   食用菌的高渗浸渍

一般生物细胞处在等渗溶液环境中（按 NaCl 来计算，即 9 g/L 的 NaCl 溶液），细胞内外水分处于相对平衡状态。当细胞处于高渗溶液中，细胞内的水分会通过细胞膜转移到高渗溶液中，造成细胞内水分不足，细胞不能正常进行生理活动，食用菌高渗浸渍加工时，鲜菇首先需经过预煮，促进细胞膜内外物质交流，尤其是促进细胞内水分向细胞外高渗溶液转移（见图 5 – 1）。细胞内水分的大量丢失，将会抑制菌体内细胞生理活性物质的化学变化，有效地保持食用菌的营养与风味。在同样的机理下，高渗溶液可造成其他微生物的生理干燥，抑制或破坏这些微生物的正常生理活动，使食用菌不致受到微生物的破坏而造成商品价值降低，常见的高渗浸渍加工包括盐渍、糖渍。

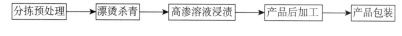

图 5 – 1   高渗溶液浸渍加工基础工艺路线

一、盐渍

1. 盐渍加工原理

利用浓食盐溶液产生高渗透压，使鲜菇的酶活性和细胞活力受到破坏，菇体上的有害微生物的生长受到抑制，从而达到防止腐烂变质的目的。

食盐是一种常用防腐剂，60 g/L 的盐水能抑制腐败菌（肉毒梭菌）的滋生；90 g/L 的盐水中只有乳酸杆菌能存在；120 g/L 的盐水中连乳酸杆菌也难以生存；150 g/L 的盐水大部分真菌停止繁殖；250 g/L 的盐水只有酵母个别存在。浓盐水能产生很高的渗透压。当微生物在这种渗透压很高的水中时，细胞中的水分会外渗而脱水，造成细胞的生理性干燥，使微生物处于一种休眠状态，甚至死亡。

2. 盐渍方法

工艺流程：选菇、处理→护色、漂洗→预煮、冷却→盐渍→翻缸→装桶。

（1）选菇、处理。适时采收未开伞的七八成熟的菇，要求菇形完整，肉质厚，含水分少，组织紧密，菇色洁白，无泥根，无病虫害，无空心。如蘑菇要切除菇柄基部；平菇应把成丛的逐个分开，淘汰畸形菇，并将柄基部老化部分剪去；滑菇则要剪去硬根，保留嫩柄 1 ~ 3 cm 长。当天采收，当天加工，不能过夜。

（2）护色、漂洗。用 0.5% 的盐水或 0.05 mol/L 柠檬酸液（pH 值为 4.5）漂洗，以除去菌体表面的泥屑等杂质，防止氧化变色。若用焦亚硫酸钠漂洗，先用 0.2 g/L 焦亚硫酸钠溶液漂洗干净，再用 0.5 g/L 焦亚硫酸钠溶液中"护色" 10 min，最后用清水冲洗 3 ~ 4 次，残留量不超过 0.002%。

（3）预煮（杀青）、冷却。目的：①杀死细胞，破坏膜结构，增大细胞的通透性，有利于盐分渗入；②排除组织的空气，破坏酶活性，阻止氧化褐变。

方法：使用不锈钢锅或铝锅，加入 50 ~ 100 g/L 的盐水或 0.5 ~ 1 g/L 柠檬酸的水浸液，烧至盐水沸腾后放菇，水与菇比例为 10∶4，煮制时间依菇的种类和个体大小而定（一般蘑菇为 10 ~ 12 min，平菇为 6 ~ 8 min，美味牛肝菌为 2 ~ 3 min），掌握菇柄中心无夹生，就要立即捞出。以菌体投入水中沉下者为度，如漂起则煮的时间不足。锅内盐水可连续使用 5 ~ 6 次，但用 2 ~ 3 次后，每次应适量补充食盐。

随即用自来水冲淋或分缸轮流冷却。

（4）盐渍。容器要洗刷干净，并用 5 g/L 高锰酸钾消毒后经开水冲洗。将预煮后沥去水分的菇按每 100 kg 加 25 ~ 30 kg 食盐的比例逐层盐渍。缸内注入煮沸后冷却的饱和盐水。表面加盖帘，并压上卵石，使菇浸没在盐水内。经常测盐水波美度，当盐水低于 22°Bé 时，要及时加盐。一般盐渍 20 d 即可装桶。

（5）翻缸（倒缸）。盐渍后 3 d 内必须翻缸一次，以后 5 ~ 7 d 翻缸一次。盐渍过程中要经常用波美密度计测盐水浓度，使其保持在 23°Bé 左右，低了就应加盐或倒缸。缸口要用纱布和缸盖盖好。

（6）装桶。盐水浓度稳定在 22° Bé 以上时，即可装桶。将菌体捞起，沥去盐水，5 min 后称重，装入专用塑料桶内，每桶按定量装入；灌入新配制的 20% 盐水（用 0.2% 柠檬酸溶液或调整液将盐水的 pH 调整为 3 ~ 3.5，调整液用 42% 偏磷酸、50% 柠檬酸和 8% 明矾配制而成），加盖封存。食用时用清水脱盐，或在 0.05 mol/L 柠檬酸液（pH 值为 4.5）中煮沸 8 min。

3. 双孢蘑菇盐渍实例

（1）清洗。切除鲜菇菌柄基部的杂质，按大小分级后清洗。清水中加入 1 g/L 的柠檬酸护色。

（2）杀青。杀青又称预煮，可用 1 g/L 的盐水做预煮液。将水烧开后倒入清洗过的双孢蘑菇。加菇量是杀青液的 1/2，保证菇能全部浸入水中。不断翻动，使菇体预煮均匀，菇心煮透，使菇体的氧化酶完全被破坏，以免菇色褐变。盐水开锅状态煮 5 ~ 8 min 便可捞出，使其熟而不烂。煮好的菇微黄，有光泽，手捏有弹性。

（3）冷却。预煮后捞出立即放流动水中冷却，不停翻动，使温度快速降下来。

（4）分级。双孢蘑菇直径 1.5 cm 以下的为一级；1.5 ~ 2.5 cm 为二级；2.5 ~ 3.5 cm 为三级；3.5 cm 以上为四级。

（5）盐渍。将分级后的双孢蘑菇按每 100 kg 加 25 ~ 30 kg 盐的比例逐层放入池中。池底撒一层盐，然后放一层菇，一层盐一层菇直至装到池上部，表面再撒一层盐。要使菇能全部浸入盐水中，经过 25 ~ 30 d 便可，此时盐渍的菇为淡黄色。

（6）装桶调酸。盐渍好的双孢蘑菇要装入塑料盐水菇专用桶。桶内衬双层塑料袋，每桶装 50 kg，然后灌入饱和食盐水，并用 20 g/L 的柠檬酸调 pH 为 3.5 左右。桶内盐水要灌足，能浸没双孢蘑菇，防止褐变。袋口扎紧，不让盐水溢出，检查合格后，贴上标签。

二、糖渍

食用菌糖制主要是用作食用菌蜜饯生产。与盐渍相比，糖类物质因其还原性基团的存在而具有抗氧化作用，有利于食用菌色泽、风味的保持。

1. 食用菌蜜饯生产的工艺流程

分级拣选→漂洗整形切分→杀青→盐渍硬化→糖渍→烘晒上糖衣→整理包装

2. 操作要点

（1）前处理。对鲜菇进行分级拣选，清洗并沥干清水，按照商品要求切成小块。

（2）杀青。用沸水或水蒸气杀青，杀青标准是熟而不烂。

（3）盐渍、硬化。杀青后的菇体浸入 100 g/L 盐水中盐渍 2 ~ 3 d，同时加入 2.5 ~ 10 g/L 的石灰进行硬化处理。

（4）糖渍。经过曝晒、回软和复晒后，菇体浸入沸腾的 400 g/L 糖溶液中煮 2 ~ 3 min，冷却 8 ~ 24 h。冷却后的菇体再次浸入浓度提高 10% 的沸腾糖溶液中 2 ~ 3 min，再次冷却 8 ~ 24 h，如此反复 3 ~ 4 次。

（5）烘晒、上糖衣。糖渍后的菇体沥干糖液，烘烤或晾晒，干燥后的菇体糖含量在 72% 左右，水分含量低于 20%。菇体干燥后，浸入饱和糖溶液浸湿，立即捞出，再次烘烤，使菇体表面形成透明的糖膜。将菇体蜜饯整理，用真空包装或密封包装避免吸水回潮。

第三节　食用菌休闲与调味食品加工

　　休闲食品是快速消费品的一类，是在人们闲暇、休息时所吃的食品。调味食品是指能增加菜肴的色、香、味，促进食欲，有益于人体健康的辅助食品。食用菌休闲食品与调味食品在满足消费者多样化需求方面也占有一席之地。

一、食用菌休闲食品加工

　　1. 食用菌脆片加工

　　工艺流程：清洗切片→蒸汽杀青→料汁浸渍→沥干冷冻→真空脱水膨化→真空离心脱油→后期调味→密封包装

　　操作要点：

　　（1）清洗切片。清水冲洗菇体，沥干，切成 5 ~ 6 mm 厚的菇片。

　　（2）蒸汽杀青。菇片采用 100℃ 左右的蒸汽杀青，时间按照材料适当调整，一般为 2 ~ 3 min，以菇片透明为准。

　　（3）料汁浸渍。在调制好的浸渍液（甜、咸、辣等不同风味）中浸渍 3 ~ 4 h。

　　（4）沥干冷冻。快速冲洗、沥干；-25 ~ -20℃ 快速冷冻，直至冻透。

　　（5）真空脱水膨化。将菇片装入容器，在真空釜中浸入 80 ~ 100℃ 食用油内脱水，真空度为 0.07 ~ 0.095 MPa。

　　（6）真空离心脱油。脱水后的菇片在真空釜中离心脱油。

　　（7）后期调味。将脱油的菇片放入调味容器中进行后期调味。

　　（8）密封包装。冷却后的菇片进行分拣，密封包装。

　　2. 菌柄芝麻片加工

　　工艺流程：香菇柄 + 黑芝麻→配料→软化菌柄→鼓风干燥→压片成形→撒芝麻烘烤→密封包装

　　操作要点：

　　（1）原料处理。鲜香菇柄剪去带培养基的菌根，去除杂物，洗净后晒干备用。黑芝麻用清水淘去泥沙和杂质，沥干后入锅炒熟，注意火候，切勿炒焦。

　　（2）称料。参考配方为：干菇柄 20 kg，黑芝麻 3 kg，优质食醋 80 kg，精盐 4.2 kg，蔗糖 3 kg，风味调料 2 kg，花椒粉 100 g，鲜辣粉 150 g，饴糖适量。

　　（3）软化干燥。将香菇柄分批倒入不锈钢锅中，加食醋浸泡 10 ~ 12 h，促使软化。再加入食盐、蔗糖及风味调料，搅拌均匀。加热 30 min，置压力锅中在 98 ~ 147 kPa 压强下保持 20~30 min，使其充分软化。待压力下降后，打开压力锅盖，取出香菇柄，沥干收水。然后，摊在烘盘里，均匀地撒上花椒粉、鲜辣粉等。再送入鼓风干燥箱中，在 60~70℃下进行鼓风干燥，待含水量降至 25% 时，终止加温。

（4）压片成形。将经干燥的香菇柄，置于模具中，压成 5 cm 见方的薄片。

（5）撒芝麻烘烤。在每个薄片的上面刷一层饴糖，再均匀撒上一层芝麻。然后送入烤箱中，在 150~180℃温度下烘烤 3~5 min，即可出烤箱。

（6）成品包装。待冷透后定量装入复合塑料袋内，用真空包装机进行包装封口。装袋后质检合格，即可装箱入库或直接上市销售。

3. 食用菌饮料加工

可采用食用菌的菇体超微粉碎材料、菇体提取物、菇体提取液酵母发酵液等，生产固体悬浮饮料、（提取物）混配饮料、发酵饮料等。加工工艺依产品种类不同而各异，基础工艺路线见图 5-2。

图 5-2 食用菌饮料加工基础工艺路线

除了利用食用菌的子实体外，也可利用其菌丝体，加工成饮料或其他产品，此举则事半而功倍。如蛹虫草发酵饮料的加工，其工艺流程：

蛹虫草培养→斜面菌种→液体发酵培养→放罐过滤→调配→均质与灭菌→装罐→成品
操作要点如下：

（1）培养基制备。斜面菌种培养基为 PDA 培养基；液体培养基：玉米粉 30 g，蛋白胨 2 g，硫酸镁 0.5 g，磷酸二氢钾 1 g，蚕蛹粉 2 g，麦芽汁 100 mL，水 1 000 mL。

（2）培养条件发酵温度 20~25℃，通气量前期每分钟 1∶0.4（体积比，下同），中、后期 1∶0.6，罐压 0.5~0.8 kg/cm²，搅拌速度 80~100 r/min，发酵周期 7~15 d。

（3）放罐。在培养后期，通过镜检，发现部分菌丝的原生质有凝集现象，有空泡，或菌丝体开始崩解时便可放罐。在放罐前通入蒸汽使发酵液加热至 70℃，然后进入胶体磨磨碎，过滤，滤渣可重复进行磨碎，再过滤取汁。

（4）调配。在过滤液中加入定量的甜味剂、柠檬酸及海藻酸钠等稳定剂，并再次过滤，将配制好的饮料经双联过滤器过滤，滤网 120~180 目。

（5）均质与灭菌。将过滤液经高压均质后，压力为 15~20 MPa；高温瞬时灭菌，温度为 115℃，时间 4 s，出料温度为 40℃。

（6）罐装。将均质灭菌后的料液用真空无菌罐装，即得成品。

质量标准为：饮品澄清，酸甜可口，具蛹虫草特殊风味，无异味，无致病菌，符合饮料卫生要求。

二、食用菌调味食品加工

1. 香菇黄豆酱加工

工艺流程：

$$
\left.\begin{array}{l}
大豆处理\rightarrow装瓶灭菌\rightarrow接香菇菌\rightarrow发菌\\
大豆处理\rightarrow装瓶灭菌\rightarrow接米曲霉\rightarrow制曲
\end{array}\right\}\rightarrow混合发酵\rightarrow成品
$$

操作要点：

（1）备料。主要原料有香菇母种、米曲霉（沪粮酒3.042）菌种、优质大豆、食用精盐、麸皮、标准面粉、饮用水。

（2）菌丝培养。大豆浸泡至无皱纹，用清水洗净，装入三角瓶中，装量为瓶高的1/4左右，高压灭菌30 min，冷却至室温。无菌操作接入豆粒大小的香菇斜面菌种一块，置于25℃恒温箱内培养，待菌丝长满瓶后取出备用。菌丝应洁白、健壮，有纯正的菌丝香味，无异味。

（3）豆曲制作。大豆浸泡8 h左右，至豆粒胀发无皱纹时，洗净沥水后入锅煮，水要浸没豆，沸腾后维持30min。种曲配方为：麸皮80 g、面粉20 g、水80 mL，混匀后筛去粗粒，装入300 mL三角瓶中，加棉塞，高压灭菌30 min，趁热把料摇松，无菌操作装入米曲霉，摇匀，于30℃恒温箱里培养3 d，待长满黄绿色孢子即可使用。将煮好的大豆取出，当温度降至40℃左右时，拌入烘熟的标准面粉，振荡曲盒，使每粒大豆都贴上面粉，然后拌入三角瓶种曲，接种量为0.3%，在斜面上覆双层湿纱布，置温室内33℃下恒温培养。3 d后长出黄绿色孢子，至第11 d菌丝长满豆，制成的豆曲具有浓郁的酱香。

（4）混合发酵。将香菇菌丝和豆曲以1∶（3~5）的比例混合均匀，装入保温发酵缸，稍加压实，待豆曲升温到42℃左右时，加入14.5°Bé的盐水，盐水温度在60℃左右，盐水与曲用量比为0.9∶1。让盐水向下渗透于曲内，最后覆一层细盐，曲内温度保持在43℃左右，经10 d发酵酱醅成熟。

（5）成品包装。发酵完毕，补加24°Bé的盐水和食盐适量，充分搅拌，使盐溶化、混匀，在室温下再发酵4~5 d，即为成品。装瓶或装袋，外装纸箱，密封保存或上市。

产品标准：

①感官指标：红褐色有光泽，中间夹杂部分白色，具鲜味、咸淡适口、有豆酱独特的滋味，又有香菇菌丝的清香，无苦味、无焦糊味、无酸味及其他异味。黏稠适度，无霉花、无杂质。

②理化指标：氨基酸态氮≥0.3（g/100 g）；污染物限量应符合GB 2762—2017的规定。

③微生物限量：符合关于酱的当前有效的国家食品安全标准（如GB 2718—2014）。

2. 金针菇特鲜酱油加工

工艺流程：

原料处理→过滤浓缩→中和调料→调配兑制→澄清杀菌→装瓶压盖→成品装箱

操作要点：

（1）原料处理。原料为金针菇杀青水，应新鲜洁净，加热至65℃备用。若是在加工过程中使用过焦亚硫酸钠或其他硫酸盐护色的金针菇，其杀青水必须充分加热，以彻底去取二氧化硫的残余。

（2）过滤浓缩。杀青水经60目筛过滤，或经离心机分离，以除去金针菇碎屑及其他杂质。将滤液吸入真空浓缩锅中进行浓缩，氮化物空度为66.67 kPa，蒸汽压力为147～196 KPa，温度为50～60℃，浓缩至可溶性固形物含量为18%～19%（折光计）时出锅。

（3）中和调料。加入柠檬酸预煮的金针菇杀青水，含酸量较高（pH为4.5左右），应调整至中性偏酸（pH为6.8左右），然后再进行过滤。将桂皮烘烤至干焦后粉碎，再与八角、花椒、胡椒、老姜等调料混合在一起，用4层纱布包好，放在锅中加水熬煮，取其液汁，加入酱色和味精适量，制成调料备用。

（4）调配兑制。取浓度为18～19 mol/L的金针菇浓液40～43 kg，置于不锈钢夹层锅中，加入8.0～8.5 kg的食用酒精，加热并不断搅拌，煮沸后加入一级黄豆酱油9～11 kg，加入上述调料液500 g、精盐5 kg，继续加热至80～85℃。

（5）澄清杀菌。将兑制好的金针菇酱油进行离心分离，除去其中的微粒等，取上清液进行杀菌，温度为70℃，恒温保持5～10 min。

（6）装瓶压盖。在澄清的酱液中加入酱体量0.05%的防腐剂，充分搅拌均匀，装瓶、压盖、贴商标、装箱码为成品。

产品标准：

①感官指标：色泽黄褐，具有金针菇的特殊香味和滋味，无苦涩、无霉味、无沉淀和浮膜。

②理化指标：固形物含量为18%左右，pH为5左右，氯化钠含量为17%左右，防腐剂不超过总量的0.05%。

③微生物限量：符合关于酱油的最新国家食品安全标准（如GB 2717—2018）。

3. 蘑菇营养酱油加工

工艺流程：

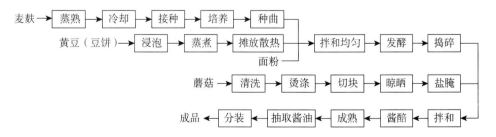

操作要点：

（1）制曲取麦麸 5 kg，加等量清水拌匀，用纱布包好，入笼蒸熟，冷却到 40℃，接种米曲霉，接种量 10%，拌匀，铺放在曲盘内，厚 3 cm，置 25～28℃下培养 4～5 d，即成种曲。

（2）做酱醅。

①黄豆或豆饼用清水浸泡，至充分吸水，淘洗干净，蒸煮 5～6 h，至手捻时豆皮滑脱、豆瓣分开面不烂为宜。

②蒸熟的黄豆摊放散热，料温降至 40℃ 左右时，按 100 kg 黄豆加入 75 kg 面粉、5 kg 种曲的比例，拌匀，摊放在发酵盘内，厚 3～4 cm，置 25～28℃ 的发酵室内培养，约经 24 h，料温上升到 40℃，开窗通风，降至室温，再经 3～5 d 培养，料面由白转黄，酱醅发酵完成。

③利用新鲜蘑菇或不符合制罐要求的开伞菇、畸形菇、次品菇、碎菇和菇柄做加工原料时，每 100 kg 黄豆加鲜菇 10 kg。鲜菇在加工前整理干净，清水漂洗，在开水中烫漂 5～8 min，取出，切成 1 cm 见方的小块，晾凉后，用饱和食盐水腌制备用。

（3）制作酱油。

①将酱醅捣碎，与菇丁拌和，移入缸中，按 100 g 酱醅/530 mL 食盐水的比例，注入盐水。置于室外，任其日晒夜露，雨天加覆盖物，约一周后，酱醅下沉，表面略带黑紫色时，将表面酱醅翻入下层，待露晒至酱醅表层有数厘米深呈深褐色时，再将底层翻转一次，露晒至满缸有酱香、呈褐色，并有光泽时，酱醅则完全成熟。

②将成熟的酱醅放入篾笼内抽取酱油。

（4）包装。将抽取的蘑菇酱油，用干净的瓶（袋）分装封口，巴氏杀菌，加适量防腐剂，即为成品。

质量标准：色泽棕红，酱香浓郁，无异味，符合国家食品安全标准。

4. 食用菌味精加工

以双孢蘑菇柄和残次菇为原料，可加工成食用菌味精。

其工艺流程：

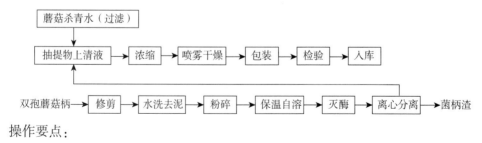

操作要点：

（1）原料处理。新鲜的双孢蘑菇切去菇柄，漂洗、护色，放入沸水中杀青，收集杀青水，用 120 目滤布过滤，备用。

（2）粉碎制浆。去掉菌柄上的菌托，漂洗，捞出沥干。按 1：3 的比例加入纯净水粉碎，得菌柄浆。调菌柄浆 pH 至 6.0～6.5，按其质量的 1% 分批加入氯化钠。在 50～55℃、150 r/min 的搅拌条件下，保温自溶 8 h，并及时捞出泡沫。

（3）灭酶离心。自溶完毕，在 30 min 内快速升温至 95℃，保温 10 min。将自溶液离心 10 min，得菌柄细胞抽提液（上清液）。

（4）浓缩干。燥将菌柄细胞抽提液及蘑菇杀青水按 1：1 的比例混合后，在浓缩罐中进行浓缩。当含水量达 60%～70% 时，趁热进行喷雾干燥。控制干燥塔进口热空气温度在 160℃左右，出口热空气温度在 80℃左右，浓缩液进料速度为 10 kg/h，转头速度为 12 000 r/min，即可得双孢蘑菇细胞抽提物固体粉末。

（5）检验入库。粉末冷却后，按不同规格分装入袋密封即为成品，对成品随机抽样检验，合格后即可入库。

产品标准：

①感官指标：黄褐色粉末，具有双孢蘑菇特有的气味，口味鲜美，无异味。

②理化指标及微生物指标。应符合关于复合调味料最新国家食品安全标准（如 GB 31644—2018）。

5. 食用菌方便汤料生产

吕呈蔚等以姬松茸、杏鲍菇、银耳三种食用菌作为原料，研制出一种风味独特、营养健康的食用菌方便汤料。

方法：采用顶空固相微萃取结合气相色谱－质谱联用技术，分别对鲜样及热风恒温干燥、微波干燥、真空冷冻干燥三种不同干燥方式的风味成分进行检测分析，以姬松茸风味成分的种类和含量为评定标准，筛选最佳干燥方式为微波干燥。运用响应面分析法，以感官评分为考核指标，对影响食用菌方便汤料生产工艺的主要因素食盐添加量、鲜味剂添加量、姬松茸添加量进行优化。

结果：最佳工艺配方：食盐 14.00%、鲜味剂 1.00%、姬松茸 8.00%。在此条件下，食用菌方便汤料感官评分为 90.73。

结论：制得的食用菌方便汤料，食用便捷、天然美味、营养健康，符合市场需求。

食用菌方便汤料生产工艺流程：

原料→清洗→漂烫→切分→干燥→混合→包装→杀菌→检验→成品

操作要点：

（1）原料预处理。挑选无病虫害、无霉变的新鲜食用菌，用流动水清洗，除去泥沙、杂草等不可食部分。清洗后，投入沸水中漂烫 5 min，冷却后切分成 1～2 cm 长的薄片，大小均匀一致。

（2）原料干燥。将预处理后的食用菌均匀平铺，进行微波干燥，每加热 2 min 取出翻动一次，共干燥 15 min。

（3）物料混合。将调味料（食盐、绵白糖、味精、鸡精、五香粉）按配方要求准确称量，并混合均匀。

（4）包装。对混合均匀的物料进行真空包装。

（5）微波杀菌。采用微波间歇式杀菌法，输出功率为 700 W，间隔时间 30 s，每次微波处理 30 s，总计微波处理时间为 5 min。

关于干燥方式的选择：

（1）方法。分别采用热风恒温干燥（50℃、5 h）、微波干燥（700 W、15 min）、真冷冻干燥（-50℃、真空度 9 Pa、8 h）三种不同干燥方式，以干燥后姬松茸风味成分的种类和含量为评定标准，筛选最佳干燥方式；

（2）结果。热风恒温干燥有利于挥发性风味成分的形成，赋予姬松茸干制品浓郁的特殊芳香。热风恒温干燥设备投资少，操作简便，但干燥时间长，生产效率低；微波干燥后姬松茸生成较多的醛类化合物，使干燥后的姬松茸具有特殊的肉桂香气和类似苦杏仁的香味。微波干燥生产效率高，可连续生产；真空冷冻干燥处理，姬松茸干品与鲜样在整体风味成分上较为接近，对姬松茸芳香程度及气味无明显增强作用。此种干燥方式设备投资大，干燥时间长。综合来看，应选用微波干燥。

第四节　食用菌的深加工

食用菌的深加工，是提取其具有高营养、药用或其他特殊价值的特定物质成分，进而生产具有更高附加值的产品。食用菌中大分子物质主要包括蛋白质、核酸、脂类、多糖等，小分子物质包括三萜类化合物、核苷酸类、氨基酸、低聚糖或者单糖、固醇类、糖苷类等。由于食用菌中重要物质繁多，提取技术也多种多样，现仅对一些产品加工的工艺流程做介绍。

1. 香菇多糖提取

香菇多糖具有抗病毒、抗肿瘤、调节免疫功能和刺激干扰素形成等作用。香菇多糖提取的工艺流程：

香菇选择→清洗去杂→温水浸泡→机械捣碎→热水浸提（渣再浸提一次）→滤液浓缩→醇沉离心→粗品酶解→脱色→柱层析→醇沉过滤→湿品氧化铝层过滤→滤液浓缩→浓缩液醇沉→过滤→低温干燥→成品包装

2. 蘑菇保肝片加工

蘑菇保肝片可用于急慢性肝炎、血小板减少症、营养不良、食欲不振等疾病的治疗或辅助治疗，工艺流程：

蘑菇预煮液（折光计2%～4%）→过滤（60目筛）→真空浓缩→过滤（60目筛）→配料→加热保温→喷雾干燥→配料压片→上糖衣→装瓶→贴标装箱

3. 金耳胶囊加工

金耳具有增强免疫力、抗肿瘤活性、防治心脑血管疾病、保护肝脏、提高造血机能等作用。金耳胶囊加工工艺流程：

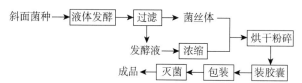

4. 竹荪减肥口服液加工

工艺流程：

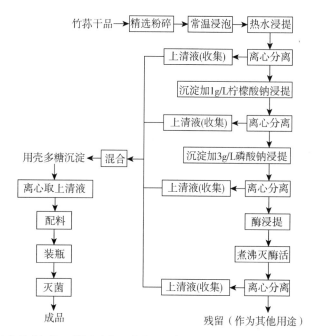

竹荪多糖不仅有抗肿瘤、降血压、降胆固醇的功能，而且能防止腹壁脂肪的积累，可利用竹荪多糖研制减肥口服液。

第六章　食用菌现代深加工技术与方法

第一节　深层发酵技术

现代生物技术的快速发展，为食用菌的开发研究开辟了广阔的领域和发展空间。利用液态深层发酵技术可以在较短时间内获得大量的食用菌菌丝体及其发酵代谢产物。据研究发现，食用菌液态深层发酵得到的菌丝体及发酵液所含的营养成分以及所具有的功效都与子实体相似，甚至超过子实体，同时也较好地保留了子实体的独特风味，符合工业化生产的要求。因此，采用液态深层发酵技术替代人工栽培技术，已成为现如今解决食用菌资源问题的一条新途径。

食用菌具有巨大的经济价值和研究前景，在抗肿瘤、抗氧化、提高免疫力方面具有明显作用，同时在辅助降血糖、降血脂方面有疗效。但是子实体的人工固体栽培周期长、污染率高，易受周围环境限制，无法满足日益增长的市场需求。所以，目前较为普遍的研究方法是借助菌丝体深层发酵来获得大量食用菌菌丝体。液体深层发酵技术具有发酵周期短、产量高、污染率低、不受周围环境限制、资源设备利用率高等优点，因而受到越来越多研究者的青睐。

食用菌液态深层发酵（简称深层发酵）是随着20世纪40年代中期抗生素工业的兴起而出现的，1948年美国Humfeld等报道了液体发酵蘑菇菌丝体，以后食用菌的液体发酵得到迅猛发展。随后，许多食用和药用真菌的深层发酵获得成功。我国在1958年开始研究食用菌液体发酵技术，用于工业生产的食用菌有灵芝、蜜环菌、冬虫夏草、猴头菇、香菇、黑木耳、金针菇等。研究表明，液体发酵产生的菌丝体营养成分与栽培的子实体相比相差不多，而且某些菌丝体微量元素含量高于子实体。如金针菇的发酵菌丝体与栽培子实体相比，主要营养达到或超过子实体，并且锌含量较高。菌丝体发酵产生的多糖与子实体产生的多糖之间并未存在显著性差异，而且有些情况菌丝体的多糖要比子实体多糖的质量要好。液体深层发酵受种龄、接种时间、接种量、培养基的组成成分、培养温度、通风、pH 以及搅拌等因素的影响。

液态深层发酵是指在发酵罐或圆锥瓶内，模仿自然界为食用菌的发酵生长提供所需的糖类、有机和无机含氮化合物、无机盐等一些营养物质，培养基灭菌后接入菌种，通过不断通气搅拌或振荡，控制适宜的培养条件，使得菌丝体在液态深层处繁育的方法。根据操作方法的差异，液态深层发酵法又可分为分批发酵法、分批补料发酵法和连续发酵法。其中，分批发酵法是指在一个密闭系统内一次性投入有限数量的营养物质后，接入适量的食用菌菌种进行培养，使食用菌在适宜条件下生长繁殖，只完成一个生长周期的食用菌培养方法。该方法在发酵开始时，将食用菌菌种接入已灭菌的培养基中，在食用菌菌种最适宜的培养条件下进行培养，在整个培养过程中，除氧气的供给、发酵尾气的排出、消泡剂的添加以及控制 pH 需加入酸或碱外，整个培养系统与外界没有进行任何物质交换。分批发酵过程中随着培养基中的营养物质不断减少，食用菌菌种的生长环境条件也随之不断发生变化。因此，食用菌分批发酵是一种非稳态的培养方法。在分批发酵过程中，食用菌的生长可以分为调整期、对数期、稳定期和衰亡期四个时期。分批补料发酵法是指在食用菌分批发酵过程中，间歇或连续地补加新鲜培养基的发酵方法，其中所补的原料可以是全料，也可以是氮源或碳源等，其目的是延长代谢产物的合成时间，从而提高发酵产量。连续发酵法是指在食用菌发酵过程中，向发酵罐中连续补加新鲜培养基的同时，连续放出老化培养基的发酵方法。

食用菌深层发酵技术又称液体培养或液体发酵。在发酵过程中，培养基的选择、接种量、温度、pH、通气量等因素是食用菌液体深层发酵技术成功与否的关键。整个发酵工艺采用逐级扩大的模式，一般为试管斜面菌种→一级摇瓶培养菌种→二级培养小型发酵罐→大型发酵罐。食用菌深层发酵的目标产物有两个：一是液体菌种，代替固体菌种投入生产获得子实体；二是菌丝体及其代谢产物，获得子实体无法产生或含量高于子实体的生理活性物质。目前，食用菌深层发酵主要是为了获取风味物质和特殊代谢产物。

一、食用菌深层发酵技术概述

食用菌种类不同，所使用的培养基也不同。因此，进行食用菌培养液体深层发酵技术研究的关键是培养基的选择与配制。培养基的组成主要为碳源、氮源、无机盐、微量元素、维生素等。若培养基的组成均为天然有机物，则为天然培养基；合成培养基则采用已知化学成分的营养物质。碳源、氮源作为基本组成成分，其对菌丝生长的影响也较为显著。例如，碳源不足易引起菌体衰老和自溶；过多的氮源则会引起菌丝旺盛生长，影响代谢产物的积累；碳、氮比不当，菌丝吸收营养物质的比例也会受到影响。研究发现在氮源的选择和使用上同一种原料来自不同产地，其营养成分差异较为明显，如玉米粉、大豆粉、蛋白胨等。水质对发酵生产的影响也很大，不同来源的水质中所含溶解氧、金属离子及酸碱度均有差异。培养基中还原糖、氨基酸和肽类物质在高温（或高压）灭菌条件下会被破坏，形成 5 - 羟甲基糠醛及类黑精等物质。在高等真菌液体深层发酵过程中，细胞密度增加、菌体形态改变的同时胞外代谢产物不断形成积累；随着时间的推移，发酵液的黏度逐渐增加，随之出现氧溶解传递、二氧化碳排放等问题。在黏真菌深层发酵过程中黏度的增加不可避免，且不利于菌体的获得和目的代谢产物的积累。

二、食用菌深层发酵的特点

1. 生长周期短，产量高

在食用菌液体深层培养中，通过人工控制发酵条件，使菌丝细胞处于最适宜的生长环境，一般仅需 3 ~ 10 天，即可累积大量菌丝体和具有生理活性的代谢产物。另外，它不受季节的限制，生产工艺规范，营养成分利用率高，有利于实现连续自动化生产。

2. 液体深层发酵培养产生的活性物质多

有研究表明，深层发酵获得的菌丝体在营养成分和生理功能上与野生子实体相近，甚至高于子实体的营养价值。荷叶离褶伞菌丝体中蛋白质含量，粗多糖含量，氨基酸种类（分别为28.3%，3.55%，18 种）均高于该菌子实体（分别为21.4%、1.77%，17 种）；松乳菇发酵得到的菌丝体与野生子实体相比，营养成分相近，但蛋白质和多糖含量（分别为26.16%、17.54%）也高于其子实体（分别为21.27%、14.89%）。对灵芝、冬虫夏草和灰树花等的研究均表明，深层发酵获得的菌丝体营养价值均高于其子实体，而且灰树花发酵的菌丝体中重金属 As、Pb 含量明显低于子实体，说明深层发酵获得的菌丝体使用起来更为安全。对冬虫夏草等名贵食用菌来说，天然虫草产量极低，资源紧缺，尚无法人工栽培获得野生子实体，故可使用液体发酵来生产虫草菌丝体代替子实体。因此，采用液体深层发酵技术获得的菌丝体含有的活性物质品种多、产量高，可以替代子实体进行产品的深度开发。

3. 深层发酵能有效地减少菌体污染

深层发酵周期短，环境条件控制严密，有效降低了菌体受污染的概率。另外，液体菌种接入固体培养料时，具有流动快、易分散、发菌点多、萌发快等特点，能有效地减少袋栽食用菌在接种以及菌丝萌发过程中的污染。

三、食用菌深层发酵技术意义

探索食用菌液体深层发酵的条件具有重要意义。液体深层发酵技术属于现代生物技术，直接生产食用菌菌体的同时获得富含多糖、氨基酸等营养成分的发酵液。真菌液体发酵技术可以在短时间内获得大量菌丝体及其发酵产物，在深层培养过程中会产生多糖、生物碱、萜类化合物、甾醇等多种生理活性物质，具有抗癌、抗肿瘤、提高免疫功能的作用。液体深层发酵技术具有周期短、产量高、成本低、工艺设备简单等优点，广泛应用于医药工业和食品饮料工业。

相对传统的食用菌生产方式，液态深层发酵技术有着鲜明的优越性，由于在反应器中，食用菌菌丝体始终在最适宜的生长温度、碳氮比、酸碱度以及空气等环境中生长，新陈代谢旺盛，菌丝分裂迅速，在短时间内即可获得大量菌丝体以及代谢产物。羊肚菌在液态深层发酵过程中，会产生多种活性物质如核酸、酶、维生素以及植物激素等，这些物质具有降血脂、抗疲劳、抗病毒、抗辐射以及抑制肿瘤生长等诸多生理功效。以羊肚菌液态深层发酵得到的菌丝体和发酵液为主要原料，提取活性成分，可以明显降低生产成本，提高生产效率。目前，液态深层发酵技术除了在液体菌种、医药工业、饲料、污水处理等方面有所应用外，还被广泛应用于食用菌功能性食品工业。

食用菌深层发酵技术在子实体栽培、菌丝体培养以及真菌多糖提取等方面已经实现规模化生产。不仅菌丝体生长速度快、营养利用率高，获得的菌丝体具有多种营养成分和生物活性物质，甚至在发酵液中也含有相当丰富的初级代谢产物（如多糖类、类脂、有机酸类、氨基酸、蛋白质、核苷酸、核酸等）和次级代谢产物（如色素、抗生素、植物生长因子、生物碱等）。随着发酵技术、分离提取技术和结构测定技术的不断发展，这些具有重要价值的代谢产物的结构和功能得以研究开发，为人类开发新型的医药、农药、保健食品、新型饲料、拓展工业应用领域等提供了重要的新资源。但在利用食用菌发酵液来促进植物生长及病虫害防治、研发抑菌性生防产品和食品防腐产品、循环利用各种废水废渣等方面，仅处于实验室研究水平，还需要通过大量的试验和进一步的探索才能使该技术得到推广和应用。

第二节　超微粉碎技术

超微粉碎技术是近年来迅速发展形成的一种新兴高科技工业技术，该技术在发达国家被广泛应用于医药、化妆品、冶金、食品、航天航空等国民经济领域及军事领域。超微粉碎可以显著改变原材料的结构和比表面积等，产生一些突出特性，如微尺寸效应、光学性能、磁性能、化学和催化性能等。与传统机械加工方法相比，超细粉末还可以改善原料的物理化学性质，如更好的水合特性和流动性、更高的体内或体外生物利用度和生物活性、更强的自由基清除活性、更低的界面张力、更佳的风味和口感等。鉴于其独特的潜力，超微粉碎技术已经引起广泛关注，尤其在食品新功能原料研发领域。

按照研磨介质的不同，食品超微粉的生产方法主要分为干法和湿法两种。根据不同原材料性质的不同，已经开发出许多不同的超微粉碎方法，如气流粉碎、球磨粉碎、胶体磨粉碎、高压均质粉碎、微流化粉碎、高速均质粉碎、超声波粉碎、滚筒粉碎以及高速旋转打击粉碎等。除此之外，一些特殊用途的超微粉碎新技术和设备也相继被开发，例如，气溶胶流动涡流粉碎、真空超微粉碎和低温粉碎等。这些新技术的研究与开发对于预防食用菌原料中易感组分的氧化和挥发起着重要作用。

超微粉碎技术通过超微粉碎机强有力的剪切、冲击、碰撞等来破碎食品物料，从而加工成不同粒径的粉体，以满足人们的需求。超微粉碎后，食品物料的粒径通常可以达到三个等级：微米级（1~100 μm）、亚微米级（0.1~1 μm）以及纳米级（0.001~0.1 μm）。超微粉碎技术的原理主要是通过降低食品物料的粉体粒度，改变其化学成分和破坏其内部结构，从而改善食品的感官品质及化学特性。超微粉碎能够使食品物料的粉体粒径变小、比表面积增大，能够通过粉碎程度而适度改善食品的溶解性、分散性、吸附性、生化活性等，使食品的口感更加细腻，消化性得以增强。随着超微粉碎技术的日益完善与发展，有许多难以被人们充分利用的物质发生了一定的变化，粉碎使它们的理化特性、加工特性得到了明显的改善，一些之前不能被人类利用的功能性成分也变得能被人体所吸收。在食品工业领域，超微粉碎技术不仅可以改善口感，有利于营养物质的吸收，而且可以将原本不能被充分吸收、不能被回收利用的原料重新利用。超微粉碎技术不仅开发了新型产品，扩大了市场，更提高了自然资源的利用率。

一、超微粉体的粉体特性

1. 表面效应

超微粉碎可赋予粉末一些突出的理化特性，包括表面效应、尺寸效应、光学性能、力学性能及化学性质等。物料的表面原子和内部原子所处的环境不同，当粉体粒径远大于原子直径时，表面原子可以忽略，但当粒径逐渐接近原子直径时，这时晶粒的表面积、表面能和表面结合能等都发生了很大变化，人们把由此而引起的种种特异效应称为表面效应。随着超微粉体粒径的减少，表面原子数迅速增加。例如，当粒径为10 nm时，表面原子数为完整晶粒原子总数的20%；粒径为1 nm时，其表面原子数增加到了99%。由于表面原子周围缺少相邻的原子，有许多悬空键，具有不饱和性，易与其他原子相结合稳定下来，故表现出很高的化学活性。随着粒径的减少，纳米材料的表面积、表面能及表面结合能都迅速增大。

2. 体积效应

相比于传统的粗粉碎技术，超微粉碎可以实现粉末粒径的微粒化，一般可将物料颗粒的粒径粉碎至 $5 \sim 10\ \mu m$，甚至可粉碎至亚微米级和纳米级。随着现代食品工业的发展，超微粉碎技术可在干燥、密封以及低温环境下操作完成，这有利于实现粉末在短时间内被粉碎成均匀的微小颗粒。超微粉碎后的粒度分布更小、更均匀，那些与体积密切相关的性质发生变化。

3. 光学性质

当物料的晶粒尺寸减小到纳米量级时，其颜色大都变成黑色，且粒径越小，颜色越深，粉体的吸光过程还受其能级分离的量子尺寸效应和晶粒及其表面上电荷分布的影响，由于晶粒中的传导电子能级往往凝聚成很窄的能带，因而形成窄的吸收带。

4. 化学和催化性能

超微粉体由于粒径的减小，表面原子数所占比例较大，吸附力强，因此具有较高的化学活性。物料颗粒的细微化导致物料表面积和空隙率增加，从而使超微粉体具有独特的理化、功能特性，具有较好的提取效率、吸附性、溶解性、固香性和生物利用率。

5. 实现资源的有效利用

针对一些富含营养的植物的根和茎秆、动物的骨壳部分以及一些果蔬加工后的废渣等，其可食性低，而且难以直接消化吸收。利用传统的粉碎技术也难以实现其口感细腻及功能最大化。超微粉碎技术可实现此类型原料的深加工，实现资源利用最大化，推动新产品的开发。超微粉碎可以改善具有良好营养功效的废弃物原料的可食性和营养性，进而扩大其利用范围。

超微粉碎加工技术应用于食用菌加工处理已成为研究热点。超微粉碎不仅不会破坏食品中的营养成分，还会在一定程度上提高食品的理化性能、食用品质等。超微粉碎能在不同程度上改变食品的物理化学特性，使加工后的食品口感更加细腻，提高感官品质。

不同的粉碎方式，会导致食品的内部结构、营养种类及含量不同，但在一定程度上提高了有效成分的溶出率。超微粉碎不仅不会破坏食品中的营养成分，还会在一定程度上增加功能性成分的溶出量。超微粉碎能够改变粉体粒径、提高口感，并且随着超微粉碎程度的增加能够显著提高抗氧化活性。

6. 提高原料利用率及生物有效性

物料经过超微粉碎后，颗粒粒度减小导致表面积和孔隙率增加，因此微粒表面的晶体结构和分子排列会发生变化，赋予超微粉体独特的理化性质。由于细胞破壁比较充分，可以提高原料中有效成分的溶出。超微粉碎物料可溶性成分在胃液的作用下溶解，在小肠部分开始被吸收，由于超微粉体的吸附性较强，物质排出时间较长，因此还可以提高吸收率。水不溶性成分的物料经超微粉碎处理后，物料细度的增加可以增强其体积效应和表面效应，使生物利用度提高。

二、气流超微粉碎技术

气流超微粉碎技术的原理是通过高速气流带动粉体颗粒加速，并使具有较高动能粒子相互摩擦、碰撞以及瞬间破裂使样品达到粉碎的效果，再通过适当分级机筛选循环从而达到超微粉碎的目的。与常用普通的机械式超微粉碎机相比较，气流超微粉碎机可将产品粉碎得更细，粒度分布范围更窄，粒度大小更均匀。传统粉碎技术最大限度只能将物料粉碎至 45 μm 左右，而气流超微粉碎可将 3 μm 以下的物料粉碎至 10~25 μm。

气流超微粉碎技术是将经过空气压缩机压缩的高压气体通过超音速喷嘴加速成大约 2 倍音速的气体，再将其通入物料粉碎机内，使待粉碎物料流态化，物料颗粒在气流的高速带动下，在物料与气流交汇处发生相互冲击碰撞以达到粉碎目的，粉碎后的物料被上升的气流传送到分级区，在分级区里由超微细分级器分选并由高效旋风收集器收集所需细度的粉体。物料的粉碎和分级可以同时进行，在很大程度上提高了粉碎和分级工艺过程的作业效率，未被分级器分选的粒度较粗物料又重新返回粉碎区进行循环粉碎，连续进行出料生产过程。

气流超微粉碎技术的优点是粉碎力度大，所得粉体细度高、无污染，适用于具有高纯度、高硬度以及有一定黏度样品的超微粉碎。超微粉碎技术很大程度上提高了微粉食品的空隙率，这些空隙可以长时间吸收容纳香气成分，起到了保存香气的效果。超微粉碎可使食品加工技术与生产工艺发生巨大变化。例如，日本、美国市售的冻干水果粉、果味凉茶、超低温速冻龟鳖粉等。使用气流超微粉碎可大大增加黑木耳粉中多糖等一系列营养成分与微量元素溶出率，提高黑木耳粉的吸收利用率，非常适合在黑木耳粉碎过程中应用。

第三节　热泵干燥技术

热泵烘干系统一般由热泵系统和烘房系统组成，热泵系统主要部件为压缩机、冷凝器、节流阀、蒸发器。烘房系统主要由循环风机和回风通道以及排湿风机组成，热泵通过消耗小部分的电能（或其他高位能）使制冷工质在热泵系统内循环，将环境或其他废热余热中的低位热能转化为可用于烘干的高位热能，高位热能则传递给干燥介质，干燥介质在烘房系统内循环加热烘干物料（见图 6-1）。

热泵烘干是一种将低位热源转移为高位热源的烘干技术，对环境几乎没有影响，且能耗低，无污染，节能环保，符合当前能源政策和发展趋势，成为国内外学者研究的热点。

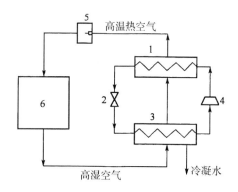

图6-1　热泵干燥工作原理

1—冷凝器；2—节流阀；3—蒸发器；4—压缩机；5—风机；6—干燥室

1. 节能效果好

热泵干燥是通过转移环境或废热中的能量对物料进行烘干，从能量转移角度来看，热泵所产生的热能是其消耗的电能加上转移的热能，是高效节能的，单位能耗除湿量范围在 1～4 kg/（kW·h）之间，平均值为 2.5 kg/（kW·h）。

2. 干燥范围广

热泵干燥所提供的温度范围是 -20～100℃（加辅热设备），相对湿度范围是15%～80%。较宽的温湿度范围使热泵干燥可以用于多种物料的干燥。

3. 便于自动化控制，参数可控性强

热泵干燥相对传统的燃煤燃木材等干燥有着便于控制的优势，自动化程度高，可以较高地提高工作效率。

4. 干燥产品品质好

在热泵干燥过程中，物料表面水分和内部水分的蒸发速率非常相近，接近自然的干燥过程，是一种较平稳的干燥途径。另外，干燥过程处在一个封闭的环境中，减少物料的受热变质及变色，减少了其风味物质的流失。相比传统的干燥，热泵干燥能更好地保护被烘干物品的颜色、香气、味道、外观形态和有效成分，所以烘干后的物品品质好，等级高。

5. 对环境较为友好

热泵干燥使用的清洁能源，整个过程不产生污染物，较传统的燃煤和木材的干燥能够更好地保护环境。

热泵干燥工作原理如图6-1所示：整个干燥装置主要由热泵和干燥系统组成。热泵系统通常由蒸发器、冷凝器、压缩机和节流阀组成，用以从周围热源传导热量；而干燥室可以装配托盘、流化床或带式运输机。热泵设备和物料位于隔热的密闭干燥室内，连续循环的热干空气带走物料的水分使其脱水，同时吸水的湿空气通过蒸发器冷凝，释放出汽化热传递给蒸发器中的制冷剂,这部分热量用于重新加热,通过冷凝器的干冷空气使其成为热干空气继续循环。在热泵干燥设备运行过程中,吸入物料水分的湿热空气的热量在蒸发器处被吸收,迅速冷却到露点以下,导致空气中的气态水凝结析出。该过程回收的潜热(约2 255 kJ/kg冷凝水)在冷凝器制冷回路中释放,用于重新加热干燥器内的冷干空气。该系统完全循环,热效率接近100%。冷凝水以液态而不是以气态形式被排出,可以回收利用大部分汽化热,而只损失少量的显热。在实际设计中,可以对该系统做一些改进,以使热效率最大化,如附加局部蒸发器旁路系统和额外的热交换器。

热泵干燥与常规干燥方法相比,热泵干燥设备可以采用先进的控制装置与元件,可以在一定范围内对循环空气的温度、循环流量及湿度进行调控,使得物料表面水分的蒸发速度与物料由内向外的迁移速度基本一致,从而保留干燥物料原有的色泽、风味及营养成分,使干燥产品品质优良。另外,热泵干燥设备自动化程度高,较灵活的调控范围能够对多种物料进行加工干燥。热泵干燥采用不会对大气臭氧层造成损坏的环保制冷剂,热泵在封闭的状态下循环工作,干燥过程没有任何废气、废液、物料粉尘、挥发性物质及异味的排放,有利于环境的保护。热泵干燥生产过程连续,工作周期长,但热泵干燥能通过降低设备运转成本及提高生产效率,满足生产需求。由于热泵是一种从低温热源吸收能量,在高温下转化为有用能源的装置,因而具有高效节能的优势,其节能一般达30%以上,这也是热泵干燥尤为突出的优势。

热泵干燥机从根本上说其实是对流干燥设备,利用热空气的对流传递热量。相较于液体或半固体物料来说,它更适合干燥固体物料。为了得到更高的干燥率和更好的干燥质量,热泵干燥常与其他干燥方式联用,如热泵流化床已应用于生物活性物质干燥。进一步的研究期望将低廉的热泵干燥应用于生物活性物质的干燥方面,同时达到像昂贵的冷冻干燥一样的效果,即保持其生物活性和酶活性。对于包括食品在内的敏感物料,利用气调热泵进行干燥将是另一重要发展趋势。一些氧敏感物料中的风味物质和脂肪酸在干燥过程中由于接触空气中的氧而经历氧化反应,导致风味、颜色和复水率的退化。如果使用气调热泵使惰性气体代替空气就可以避免物料的氧化反应而改善干制品的品质。同时,有必要充实物料的物理特性数据,以提供模型常数来发展适合热泵干燥的数学模型。这些数据不仅可以用于改善干燥设备的设计和控制,还能用于不同干燥食品标准的设置。

热泵干燥技术在较低的温度下进行果蔬脱水,干燥过程中不易发生热敏反应、氧化变质等问题,制品的颜色、风味、营养成分等损失较少。热泵干燥技术可根据不同果蔬的脱水特性,选择不同的温度及热泵系统内空气的湿度,从而生产出高质量的脱水产品,热泵干燥农产品的颜色和风味优于传统热风干燥产品。热泵系统利用更少的矿物燃料达到更高的能效,符合可持续发展的理念。

第四节　真空冷冻干燥技术

真空冷冻干燥，也称"冻干"，是先将经过一定处理的物料的温度降到共晶点温度以下，使物料内部的水分冻结，变成固态的冰，然后适当抽取干燥仓内空气达到一定的真空度，以及在对加热板进行加热达到适当温度下，使冰升华为水蒸气，再用真空系统的捕水器或者制冷系统的水气凝结器将水蒸气冷凝，从而获得干制品的技术。干燥过程是物料内水的物理状态的变化及其移动过程，由于这种变化和移动是发生在低温低压环境条件下，因此，真空冷冻干燥的基本原理就是低温低压下传热传质的机理。

一、真空冷冻干燥过程

真空冷冻干燥过程可分为预冻、升华干燥和解吸干燥三个阶段。

（一）预冻

真空冷冻干燥的第一步就是预冻，将食用菌组织中的自由水固化成冰，确保干燥前后的产品具有相同的形态，防止食用菌在进行抽真空干燥时发生收缩等不可逆变化等现象。食用菌先预冻，再抽真空。冷冻速度对于冰晶的形成有明显影响，进而直接影响升华干燥速度和风味物质的保留。当采用急速冷冻时，通常细胞壁内外均出现众多细小冰晶或出现玻璃体态。玻璃体态水是一种无定形状态水，其生成有利于维持生物细胞壁免受破坏，进而可获得优良的干燥制品。

1. 预冻温度

预冻温度必须低于具体食用菌品种的共晶点温度，不同种类和品种的食用菌的共晶点温度不同，必须由实验测定。实际制定工艺曲线时，一般预冻温度要比共晶点温度低 5 ~ 10℃。测定食用菌共晶点、共熔点的方法有电阻法、差示扫描量热法（DSC）、低温显微镜直接观察法和数字公式计算法等。

电阻法：当食用菌组织中游离水完全冻结时，所溶电解质离子固定于某一位置而不能移动，物料失去导电性，表现为电阻突升为无穷大，此温度即为共晶点温度。共熔点的测定原理与共晶点的测定原理相同，冻结物料温度上升过程中，到达某一温度时电阻突然减小，此温度即为共熔点温度。

差示扫描量热法：在温度程序（升温或降温）控制下，测量输送给样品和参比物质的能量差值与温度之间的关系来确定样品热特性（如共晶点、共熔点）的一种方法。

2. 预冻时间

食用菌组织的冻结过程是放热过程，需要一定时间。在达到预定预冻温度后，需要保持一定的时间，以确保食用菌组织全部冻结。根据冻干机、冻干物料和总装量等条件的不同，预冻时间不同，具体时间通过实验确定。

3. 预冻速率

食用菌组织预冻时在其内部形成的冰晶大小会影响干燥时间和最终干制食用菌的复水性。大冰晶升华快，但干制食用菌复水较慢；小冰晶升华慢，但干制食用菌复水快，能保持产品原来的结构。缓慢冷冻产生的冰晶较大，而且会对生命体产生影响，所以为避免这一现象，从冰点到物质的共晶点温度需要快速冷却。

（二）升华干燥

升华干燥也称第一阶段干燥，将预冻后的食用菌从冷阱处移至加热搁板的适当位置，并进行抽真空，加热。此时食用菌组织内的冰晶就会产生升华现象，冰晶从外表面开始逐步向内推移，外层冰晶升华后残留下的孔隙便成为升华水蒸气的逸出通道，在升华干燥阶段约除去全部水分的90%。

1. 升华时的温度

食用菌组织中冰的升华在升华界面处进行，升华时所需的热量由加热设备（搁板）提供。从搁板传来的热量由下列途径传至物料的升华界面：①固体的传导，由容器底（或承载物料的托盘）与搁板接触部位传到物料的冻结部分到达升华界面。②热辐射，上搁板的下表面和下搁板的上表面向物料干燥层表面热辐射，再通过已干燥层的导热到达升华界面。③对流，通过搁板与物料表面间残存的气体对流。

2. 升华时的温度限制

升华时受下述几种温度的限制：①食用菌组织冻结的温度应低于物料共晶点温度；②食用菌升华干燥的温度必须低于其崩解温度或允许的最高温度（不烧焦或不变性）；③最高搁板温度。当温度上升到一定数值时，干燥部分构成的"骨架"刚度降低，变得有黏性而塌陷，封闭了已干燥部分的海绵状微孔，阻止升华的进行，升华速率减慢，所需热量减少，食用菌组织发生供热过剩而熔化报废，这种现象被称为崩解。发生崩解时的温度被称为崩解温度，主要由食用菌的组成成分和物料特性所决定。在食用菌冻干时，为了避免因搁板温度过高而产生变性或烧坏，搁板温度应限制在某一安全值以下。

3. 升华速率

在真空冷冻干燥过程中，水分在物料内部以固态冰通过升华界面后，以水蒸气的形式从升华界面透过干燥层向物料表面转移，再从物料表面通过干燥箱空间输送到水汽凝结器，其中任一阶段的速率都将影响整个传质速率。在冷冻干燥物料时，若传给升华界面的热量等于从升华界面逸出的水蒸气升华时所需的热量，则升华界面的温度和压力均达到平衡，升华正常进行。若供给的热量不足，水的升华夺走了物料自身的热量，将使升华界面的温度降低；若逸出物料表面的水蒸气慢于升华的水蒸气，多余的水蒸气则聚集在升华界面将使其压力增高，并使升华温度提高，最后将导致物料不易干燥。

（三）解吸干燥

此阶段为第二阶段下燥。在此阶段物料内部还含有一部分难以除去的水——结合水，这些水分是未被冻结的，而这些水分的存在不利于冻干物料的储存，会引起其变质、霉变等。而解吸干燥阶段正是将物料内大部分的结合水去除，以保证物料的干燥，延长保存期。由于这部分水的吸附能量高，如果将它们从中解吸出来，根据能量定律，就需要给予它们足够高的能量，因此此时需要继续加热，但是温度要控制在崩解温度以下。同时，为了使解吸出来的水蒸气有足够高的推力溢出产品，必须使产品内外形成较大的蒸气压差，因此该阶段干燥仓内应保持较高的真空度。终点的确定经常采用三种方法，即压力升高法、温度趋近法和称重法。

压力升高法是将真空室与冷阱之间的通道关闭，干燥仓内的压力必随之升高，压力升高速率与残余水分含量之间有很大关系，通过压力升高的快慢确定物料残余水分含量的多少。由于压力升高速率也与物料数量和真空室的大小有关，所以，这种方法在实际应用时有些困难。

温度趋近法是在冻干末期观察物料温度，如果物料干燥彻底，那么物料的温度必然趋近于加热板的温度，所以，加热板与物料之间的温差与物料的水分含量有很大关系。虽然冻干过程中物料确切温度的测定是一件十分细致的工作，但是如果采用标准统一的测温技术，那么测得的物料与加热板之问的温差读数足以满足要求。由于测温容易统一化、标准化，因而这种技术得到广泛应用。

称重法是在干燥过程中连续地或定期地称量物料的质量。每克物料的失重率与物料的水分含量之间有很大关系。这种方法适用于实验室用的实验冻干机。而在工业生产中，在冻干过程中对物料进行称重就不那么可行了。

二、真空冷冻干燥食用菌的特点

新鲜食用菌质地细嫩，采收后鲜度迅速下降，从而会引起开伞、菌褶褐变、茹体萎缩等，影响食用菌的风味和商品价值。由于新鲜食用菌不易储存，若将其干燥则其附加值倍增。真空冷冻干燥通过对新鲜食用菌预先冻结，并在冻结状态下，将新鲜食用菌组织的水分从固态直接升华为气态，达到去除水分的目的。真空冷冻干燥法加工的脱水食品与其他干燥方法（自然风干、晒干、热风干燥、远红外干燥等）加工的脱水食品相比，有以下特点。

（1）食用菌经真空冷冻干燥，能最大限度地保留新鲜食品的色、香、味和营养成分。真空冷冻干燥是在低温、真空状态下进行的，避免了热敏反应和氧化作用。真空冷冻干燥对营养成分无损害，脂溶性维生素完全不受影响。

（2）食用菌冻干后能够更好地保持原来的外观结构，有利于加工成极细的粉状等用于深加工。

（3）经过真空冷冻干燥的食品具有优良的复水性。冻干产品保持原物料的体积形状和多孔结构，食用时能迅速吸水，最大限度地还原成冻干前的新鲜状态，与其他干燥方法制得的产品相比，具有更好的复水性和复原性。

（4）冻干过程是一个真空低温脱水过程，抑制了氧化变质和细菌繁殖，同时加工过程不添加任何防腐剂，是理想的天然卫生食品。

（5）食用菌冻干后保存性好，储藏、运输和销售方便。冻干食品脱水彻底，含水量低（2%~5%），重量轻，一般在控制好相对湿度的情况下存放一年乃至数年以上，且储运销售均可在常温进行，无须冷链支持。冻干食品采用真空或充氮包装和避光保存，可保持5年不变质。真空冷冻可以延缓蘑菇的褐变程度，游离氨基酸的保留量也较高。

如表6-1所示，真空冷冻干燥无论在产品的感官品质还是在产品的性质方面都优于热风干燥，其复水比也明显大于热风干燥的产品。从干制品复水后的质地来看，真空冷冻干燥产品饱满，而且质地偏软，复水后基本能恢复到新鲜样品的质构，保持新鲜样品原有的色、香、味、形。

表6-1 两种干燥产品性质的比较

干燥方式	干制品感官现象	复水后感官现象
真空冷冻干燥	菇体色泽均一、组织疏松、无明显收缩现象，有气室	有新鲜香菇特有的香气，能在短时间内复水，菇体饱满，产品质地较软，接近鲜香菇
热风干燥	菇体发黄，组织致密，收缩严重，几乎无气室	有熟化味，复水时间长，且菇体仍有卷曲，质地仍较硬

如图6-2所示为真空冷冻干燥设备图。

图6-2 真空冷冻干燥设备图

第五节　挤压膨化技术

食品挤压膨化技术是集混合、搅拌、破碎、加热、蒸煮、杀菌、膨化及成型等为一体的高新技术，物料被送入挤压膨化机中，物料在高温、高压、螺杆高剪切力作用下发生一系列变化，形成形态均匀的熔融体，当从模孔中喷出的瞬间，在强大压力差的作用下，此时物料中的水分会急剧汽化，从而产生巨大的膨胀力使物料瞬间膨化，形成疏松多孔状结构的产品。以其应用广泛、原料利用率高、营养损失小、环境友好等诸多优势，在食品行业中得到了广泛应用。

双螺杆挤压机是实现食品挤压技术的主体设备载体。双螺杆挤压机具有原料适用性广、产品种类多、生产设备简单、占地面积小、耗能低、生产效率高、无污染等优点，是一种连续式高效生化反应器，具有连续、短时、高温、高压、高剪切力等特点。

一、挤压膨化技术的原理

食品挤压膨化技术是将食品物料置于挤压机的高温高压状态下，然后突然释放至常温常压，使物料内部结构和性质发生变化的过程。挤压机的膨化机理主要是从水汽化做功和气体膨胀做功两方面进行分析。前人将这一过程总结为：物料从有序变到无序、气核生成、模口膨胀、气泡生长和生长停止或收缩五个阶段。挤压膨化是通过热能、剪切和压力等综合作用，使水分在喷出模口时瞬间汽化对食品进行膨化的一种技术，是一个短时的高温、高压加工过程。当物料进入模头前，熔融态的物料完全呈流体状态，最后由模孔被挤出瞬间到达常温常压状态，物料的体积也瞬间膨化，致使食品内部淀粉体爆出许多微孔，体积急剧膨胀，形成质构疏松的膨化食品。挤压机内螺杆、螺旋不断转动，物料进入挤压机后，随着螺杆、螺旋的转动向前输送，由于螺杆与物料、物料与机筒及物料之间的强烈摩擦使物料进一步细化、均化，随着机筒内压力逐渐增大，温度逐渐升高，加之挤压机套筒外加的热量使物料处于高温、高压、高剪切环境下，物料的物理性质发生变化，由粉末颗粒变成糊状，淀粉发生裂解、糊化；蛋白质四级结构被破坏，发生重组、变性，消化吸收率提高；粗纤维发生降解、细化，可溶性膳食纤维含量增加；有害微生物被杀死，有害酶及其他生物活性物质失活，提高了谷物的营养价值。

挤压过程是一个多输入和多输出系统，挤压过程中的工艺参数包括挤压操作参数、挤压系统参数、产品目标参数。挤压操作参数包括机筒温度、螺杆转速、物料水分含量和投料速度、螺杆构型和模头结构；挤压系统参数包括单位机械能耗、停留时间分布、扭矩、熔体温度及黏度、螺杆填充度、模口压力；产品目标参数包括感官、质地和流变特性。其中，双螺杆挤压工艺的系统参数不可调节，但可通过改变挤压操作参数来调节挤压系统参数，间接达到控制产品目标参数的目的。

螺杆是双螺杆挤压机的核心部件，尤其是在输送、剪切、混合、加压等方面，螺杆的作用更为重要。双螺杆挤压机的螺杆是组合式的，不同螺杆元件的排列和组合被称为螺杆构型。螺杆构型由螺杆元件、元件长度、元件位置等参数组成。其中，元件位置可分为元件与模头距离、元件间距等；螺杆元件又可分为元件类型和元件几何参数。常见的元件类型包括输送元件、捏合元件和齿形元件等；元件几何参数是指同一类型元件的规格，如螺旋角、螺槽深浅、捏合盘厚度等。不同构型的螺杆具有不同的输送、剪切、混合、建立压力等作用，会产生不同的挤压系统参数，如扭矩、压力、物料停留时间分布等，还会生产出不同特性的挤出产品。

二、挤压膨化技术的优点

挤压技术应用范围广，可生产各种膨化食品和休闲食品。挤压设备往往具有良好的连续工作性能，生产率高，从而降低了生产成本。挤压膨化可改善食品原料的质构特性、密度、复水性等，从而改善产品口感和风味，有利于粗粮细作，使粗粮更容易被人们所接受。改变原料种类或改变挤压设备模头，可生产多种不同口味、形状的产品。生产过程中几乎无废弃物排出，只在开机和停机时排出少量原料，减少了物料的浪费。挤压过程是一种短时的加工过程，物料短时间受热，能最大限度地保留原料的营养。在挤压加工时，由于淀粉、脂肪、蛋白质的降解，有利于人体的消化吸收。物料在模头挤出时，闪蒸掉部分水分，使物料固化定型，不易回生，也延长了食品的货架期。

三、膨化设备

伴随着挤压技术被越来越广泛地应用于日益发展的食品行业，挤压设备也得到迅速发展。根据螺杆的数目挤压机可分为单螺杆挤压机、双螺杆挤压机、多螺杆挤压机。单螺杆挤压机在机筒内只有一根螺杆，是通过螺杆与机筒及螺杆、机筒与物料的摩擦力对物料进行输送与压缩，形成一定的内压力，加上外加热量，对物料进行挤压膨化。双螺杆挤压机机筒内两根螺杆同向旋转，物料经喂料器进入挤压机，在两根螺杆螺纹间、螺杆与机筒间进行强烈的搅拌、摩擦、挤压，加上套筒外加的热量，当物料达到机头，从模头被挤出，由高温高压瞬时变为常温、常压，物料体积瞬间膨胀，物料被膨化。多螺杆挤压机较单螺杆挤压机和双螺杆挤压机对物料混合搅拌更为均匀，挤压效果更佳，但制造费力，对传动系统要求高，成本高。

挤压膨化技术在食品加工中表现出诸多优势以及膨化产品具有的多种优点，奠定了挤压膨化技术在食品行业中的应用基础。近年来，挤压膨化技术在功能保健粉、休闲食品、谷物早餐食品中得到广泛应用。

第六节　闪式提取技术

闪式提取法又叫组织破碎提取法，其最早的理论探索和运用是在 1989 年，由日本生药学家采用生物组织捣碎机分离出了中草药中的鞣质成分。1993 年，刘延泽等结合实际工作首次提出"植物组织破碎提取法"的概念，并基于此对含不同类型化学成分的中草药进行了相关的提取研究，并取得了较好的效果。研制了组织破碎提取样机，只需要 30 s 就可以完成提取工作，相较其他方法，十分快速，因此将这种设备称为闪式提取器，将这种方法称为闪式提取法。

闪式提取器通过高速搅拌、震动和渗滤，将植物组织中的有效成分有效转移出来，然后过滤，提取工作就完成了。闪式提取器包括很多组成部分，关键组成是破碎刀具和动力系统。破碎刀有锋利的刀头，通过高速旋转来破碎植物。且双刃之间有间隙存在，通过调整间隙来对破碎粒度进行控制。通常情况下，会按照 40～60 目的标准控制破碎粒度，这样提取效率可以有效提升；同时，还可以有效混合植物组织颗粒和溶剂，平衡组织内外的化学成分。高速电机带动提取器工作，能够实时调速。一般情况下，只需要 1 分钟就可以完成一次提取，能够将药材中 70% 的有效成分提取出来，经过过滤，还可以进行两次重复提取。

一、闪式提取特点

1. 快速简便

借助相应的闪式提取装置，可以有效控制植物颗粒粉碎度，这样可以将有效成分充分提取出来，节约了过滤时间，1 分钟内即可完成操作。相较于回流热浸法、超声法，闪式提取法更加便捷，用时最短，而且具有更高的提取效率。

2. 室温提取

在常温状态下，运用闪式提取技术，不会破坏药物中的有效成分，植物中的有效成分得到最大限度的保留。相较于回流提取法，闪式提取法拥有更高的提取效率，且常温下即可开展。

3. 溶剂选择范围大

不同动植物的中药材提取都可以运用闪式提取法，结合具体提取目标，选择相应的溶剂即可，可用水、甲醇、乙醇等作为提取溶剂，具有较高的提取效率。

4. 节能降耗

相较于其他提取技术，闪式提取法操作时间较短，具有较高的效率，节能环保性更好，且粉尘污染、溶剂残留也可以得到有效减少。

二、闪式提取在食用菌加工中的应用

秦令祥采用正交试验法优化闪式提取香菇多糖的最佳工艺参数。结果表明，闪式提取法提取香菇多糖的最佳工艺条件为提取次数 3 次，料液比为 1（g）：25（mL），提取时间 90 s，提取电压 150 V。在该工艺条件下，香菇多糖的提取率为 6.83%。

李明华以金针菇为原料，应用响应面法优化了金针菇多糖的闪式提取工艺，并对多糖的抗氧化活性进行了测定。结果表明：最佳闪式提取条件为料液比为 1（g）：26（mL），提取电压为 190 V，提取时间为 103 s。在该条件下，提取两次，多糖最终提取率为 6.85%，较高温浸提法提高了 40.08%。抗氧化实验表明，金针菇多糖具有明显的还原能力和清除羟自由基、DPPH 自由基的能力。

陈丽冰采用闪式提取技术从北虫草培养基中提取多糖。通过单因素试验考察了闪式提取的液料比、提取时间、转速对提取效果的影响，利用正交试验法，优化了北虫草培养基中多糖提取的工艺。结果表明，提取时间和转速对多糖提取效果有显著影响，最佳提取工艺为料液比为 1（g）35（mL），提取时间为 12 min，转速为 8 000 r/min。在该条件下，闪式提取多糖得率为 3.52%，略高于传统热水回流提取的得率，且只需在室温下进行，提取时间大大缩短，说明闪式提取法是一种快速有效提取北虫草培养基中多糖的方法。

闪式提取法在食用菌活性成分工艺中具有较大的优势和价值，可以提高提取效率，缩短提取时间，具有较好的节能环保性。

第七章 食用菌深加工之风味物质的分析方法

第一节 食用菌香气物质的分析方法

一、食用菌主要呈香物质

食用菌独特的香气不仅可以增加人的愉悦感，引发人们的食欲，而且可以刺激消化液的分泌，促进人体对营养成分的消化吸收。这些挥发性风味物质对食用菌风味的贡献主要取决于其含量和阈值的大小。

研究分析食用菌挥发性风味物质的组成和含量有助于深入了解其风味特征，对品种的改良、定向培育及食用菌的加工应用具有指导作用和实践意义。不同食用菌呈现不同风味，与其中的挥发性成分密切相关。食用菌的挥发性组分种类繁多，主要包括八碳化合物及其衍生物、含硫化合物、萜烯类、醛类、酸类、酮类、酯类等，其中以八碳化合物和含硫化合物为主，其他物质与它们共同作用，形成食用菌特有的香气。

1. 八碳化合物

八碳化合物是食用菌最重要的风味物质，是亚油酸在脂肪氧化酶催化下转变而成的，主要包括 1-辛烯-3-醇（见图 7 – 1）、1-辛烯-4-醇、3-辛烯-2-醇等，具有浓烈的蘑菇风味。而最具特征的八碳化合物是 1-辛烯-3-醇，它有 2 个旋光活性的异构体，（−）和（+）两种构型，（−）构型有一种强烈的风味，被认为是自然界内蕈菌的主要挥发性物质。

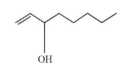

图 7 – 1 1-辛烯-3-醇结构式

以 1-辛烯-3-醇为例，1938 年 Murahashi 首次在松茸中发现 1-辛烯-3-醇，将其命名为松茸醇。松茸醇具有浓烈的蘑菇味、泥土味和甜味，其左旋结构比右旋结构的风味更强，阈值很低，为 0.1 mg/L。不同品种、不同生长部位以及不同培养基质培养的食用菌，其香味成分存在一定差异，但几乎所有的食用菌都含有 1-辛烯-3-醇，且含量颇为丰富，如双孢蘑菇中其含量占总挥发性化合物的 78%，鸡油菌中占 66%，红乳菇中占 72%。然而 1-辛烯-3-醇的稳定性差，各种干制方法（包括自然干燥、冷冻干燥、喷雾干燥和流化床干燥）对它的破坏力很大，在一定程度上会影响其稳定性。美国食品药品监督管理局已经将 1-辛烯-3-醇纳入食品添加剂，国际食品法典委员会也将其列为增香剂。

2. 含硫化合物

含硫化合物是食用菌香气的重要来源，通常能影响菇类的整体气味。含硫化合物中以含硫杂环化合物最为重要，主要包括 1，2，3，5，6-五硫杂环庚烷（指香菇精）和 1，2，4-硫杂环戊烷等，它们是由前体物质香菇酸在谷氨酰转肽酶的作用下产生的硫杂环丙烷中间体聚合而成的。1，2，3，5，6-五硫杂环庚烷在植物油中阈值为 12.5 ~ 25 mg/L，而在水中的阈值为 0.27 ~ 0.53 mg/L。

3. 醛类

醛类是食用菌挥发性物质中比较丰富的一类化合物。醛类化合物气味阈值低，在脂质氧化中生成速率很快，而且与其他化合物重叠效应很强。简单的醛类是由亚油酸酯和亚麻酸酯的氢过氧化物降解产生。不饱和脂肪酸氧化作用也会产生一些醛类物质，如辛醛等。一般碳数较高的醛类化合物有柑橘皮的香味，而令人不舒服的刺激性气味通常是由短链的饱和醛类产生的，油腻的气味是由中等碳链的醛类化合物产生。

4. 酚类

简单酚类物质产生的两种主要途径为酚羧酸的脱酸作用和木质素的降解。酚类化合物具有特殊的芳香气味，木香以及焦香的形成与酚类物质有关，鉴定出的酚类物质中 2，6-叔丁基对甲酚的含量较高。

5. 酮类

不饱和脂肪酸进行氧化作用以及一系列的降解作用是酮类化合物的主要来源。氨基酸降解也会产生一些酮类。酮类化合物贡献的气味主要有花香和果香，如丙酮能产生类似薄荷的香气，2-十一酮具有柠檬风味，2-辛酮带有杏、梅、李香味，烯酮类化合物有类似玫瑰叶的香味。

6. 烃类

烃类物质的含量较高，但因为其风味阈值比较高，通常对食用菌整体的香味影响不大。一些芳香烃通常具有自己独特的香味，例如，邻二甲苯，具有甜味和水果的香味，其风味阈值较低，对食用菌气味有重大影响。

二、香气成分的提取和分析

（一）香气成分的提取

食品中的香气成分含量一般较低，因此挥发性风味物质的有效提取是分析的关键步骤之一。目前广泛应用的食品风味物质提取方法主要有：溶剂萃取（solvent extraction，SE），水蒸气蒸馏（steam distillation，SD），同时蒸馏萃取（simultaneous distillation and extraction，SDE），溶剂辅助风味蒸发（solvent-assisted flavor evaporation，SAFE），超临界流体萃取（supercritical fluid extraction，SFE）和固相微萃取（solid-phase microextraction，SPME）。各个方法都有一定的优势和缺陷，要根据研究对象的不同，进行合理选择。

1. 溶剂萃取

分离香味物质的一个最简单有效的方法是直接采用溶剂萃取。溶剂萃取是利用"相似相溶"原理，根据挥发性物质在萃取溶剂相和待测样品中的分配系数不同，选择沸点较低的有机溶剂对样品进行连续萃取的过程。

溶剂萃取法通常非常简单，只要将食品样品放入分液漏斗，再加入溶剂，充分振荡后静置。将从分液漏斗中收集到的溶液用无水盐脱水干燥，浓缩后用于气相色谱分析，常用的有机溶剂有二氯甲烷、乙醚、正己烷、戊烷等。

该方法装置简单，操作方便，具有提取效率高、易分离、容量大的特点。使用不同极性的萃取溶剂，可以有选择地提取不同的挥发性风味物质。

2. 水蒸气蒸馏

水蒸气蒸馏是将水蒸气通入不溶于水的有机物中或使有机物与水经过共沸而蒸出的操作过程，是用来分离和提纯与水不相混溶的挥发性有机物的一种方法。如图 7 - 2 所示为水蒸气蒸馏装置。

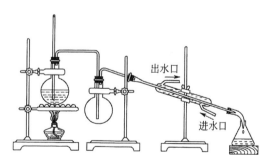

图 7 - 2　水蒸气蒸馏装置

水蒸气蒸馏法常用于以下几种情况：①反应混合物中含有大量树脂状杂质或不挥发性杂质；②要求除去易挥发的有机物；③从固体多的反应混合物中分离被吸附的液体产物；

④某些有机物在达到沸点时容易被破坏，采用水蒸气蒸馏可在100℃下蒸出。

若采用这种方法，被提纯化合物应具备以下条件：①不溶或难溶于水，如溶于水则蒸气压显著下降；②在沸腾状态下与水不发生化学反应；③在100℃左右，该化合物应具有一定的蒸气压（一般不小1.333 kPa）。

水蒸气蒸馏法设备简单、成本低、容易操作、产量大，是一种常用的提取植物性天然物质的技术。但这种方法的缺点是提取时间比较长、温度高、系统开放，其过程易造成热不稳定及易氧化成分被破坏及挥发损失，对部分成分有破坏作用。

3. 同时蒸馏萃取法

同时蒸馏萃取法是将样品的水蒸气蒸馏与馏分的溶剂萃取两步过程合二为一的提取方法。

其工作原理是将含有样品组分的水蒸气和萃取溶剂蒸汽在装置中充分混合，冷凝后两相充分接触实现组分的相转移，且在反复循环中实现高效的萃取，其基本装置见图7-3。

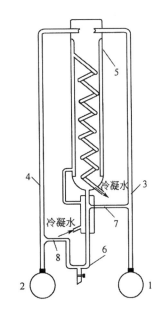

图7-3　同时蒸馏萃取的基本装置

1，2—萃取瓶；3，4—蒸汽导管；

5—冷凝管；6—U形相分离器；

7，8—回流支管

萃取瓶1盛放样品和水，萃取瓶2盛放萃取溶剂。同时加热萃取瓶1和2至合适温度，使瓶内液体沸腾产生蒸汽。夹带着组分的水蒸汽和萃取溶剂的蒸汽分别沿导管3和4上升并进入冷凝器5的上部，两股蒸汽充分混合后在冷凝管表面逐渐被冷凝，同时形成相互充分接触的液膜。于是，在沿冷凝管下流的过程中，冷凝水相中的组分连续不断被冷凝的有机溶剂萃取，最后流入冷凝管下方的U形相分离器6中，两相分层。经过一段时间同时蒸馏萃取，U形相分离器中的溶液逐渐积累到一定程度，经回流支管7和8自动回流到各自的烧瓶中。如此循环蒸馏、萃取，试样中的挥发性、半挥发性组分逐步经水相转移入有机溶剂中。可见，SDE将水蒸气蒸馏与溶剂萃取合二为一，通过连续的蒸馏、萃取过程，达到了提取、分离和浓缩易挥发性组分的目的。

SDE的萃取效率除了与萃取时间有关外，还与组分在水中和萃取溶剂中的挥发性、分配系数以及蒸馏速率有关。

此方法具有设备简单、操作方便、费用低的特点。不仅能使挥发性物质在其沸点以下的温度蒸馏出来，而且能和不挥发的杂质完全分离，适合工业化生产需要。但是，长时间的高温萃取会产生衍生物，影响分析结果的准确性。

4. 溶剂辅助风味蒸发

溶剂辅助风味蒸发是一种从复杂食品基质中温和全面地提取挥发性物质的方法。SAFE 系统是蒸馏装置和高真空泵的结合。在提取过程中，样品中的热敏性物质损失少，萃取物具有样品原有的自然风味，特别适合复杂天然食品中挥发性化合物的分离分析，其装置示意图如图 7 - 4 所示。

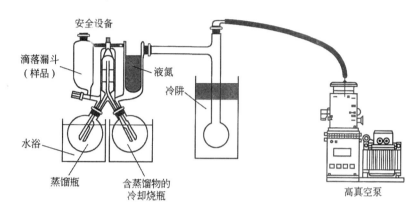

图 7 - 4　SAFE 装置示意图

举例：应用溶剂辅助风味蒸发提取草菇中的挥发性风味物质的步骤如下。

（1）将新鲜的草菇先用液氮冷冻，然后研磨成粉末。

（2）100.0 g 草菇粉末中加入 200.0 g 去离子水，加入 10.0 g 氯化钠，然后使用回流装置在 70℃的水浴中加热 1 h。

（3）冷却并过滤后，将 SAFE 装置置于 5×10^{-3} Pa 压力下，40℃下萃取 2 h。

（4）立即用相同体积的蒸馏二氯甲烷萃取馏出物两次，并用无水硫酸钠干燥。

（5）将提取物过滤并使用旋转蒸发仪浓缩至 5 mL，并使用氮进一步浓缩至 1 mL。

（6）将最终提取物储存在 -20℃直至应用 GC-MS 和 GC-O 进一步分析。

5. 超临界流体萃取

超临界流体萃取技术是 20 世纪 70 年代发展起来的一种分离技术，它利用压力和温度对超临界 CO_2 流体溶解能力的影响进行物质分离，超临界流体萃取一般采用 CO_2 作为萃取剂。

其基本原理是：当 CO_2 超过其临界点（31.05℃，7.38 MPa）时，就会成为同时具有气体和液体属性的超临界流体。黏度近似气体而密度与液体相仿，具有优异的扩散性质，可通过分子间的相互作用和扩散作用溶解大量物质。不同物质在 CO_2 中的溶解度不同或同一物质在不同的压力和温度下溶解状况不同，因此这种提取分离过程具有较高的选择性。萃取完成后，通过减压或改变温度，CO_2 重新变成气体，剩下的馏分便是所需的组分，萃取与分离合二为一。超临界 CO_2 萃取的影响因素主要有物料粒度、萃取参数、分离条件等。

该方法的优点是提取过程可以在接近室温下进行，有效地防止了热敏性物质的氧化和逸散，能有效地保持食品中的多种风味成分，而且能把高沸点、低挥发性、易热解的物质在远低于其沸点温度下萃取出来。该方法不用其他有机溶剂，无溶剂残留，保证了提取产品的纯天然性。而且该方法提取时间短，效率高，操作易控制。另外，CO_2 流体可重复多次使用，不仅提取效率高，而且能耗低，有助于降低成本。但是该技术最大的问题是萃取物在输送过程中易堵塞通路，极性物质收集较少，可采用修饰剂如乙醇或甲醇来克服。

举例：使用超临界 CO_2 萃取鸡腿菇中的挥发性风味成分。

选用新鲜、无损伤的鸡腿菇，处理前先用蒸馏水对原料进行清洗、切片。经冷冻干燥后于密封袋中4℃保存，粉碎，过60目筛备用。本实验利用正交实验法优化萃取参数与分离条件。将正交试验的因素确定为萃取压力（15 MPa、20 MPa、25 MPa）、萃取温度（35℃、45℃、55℃）、分离压力（8 MPa、10 MPa、12 MPa）和分离温度（20℃、25℃、30℃），进行 L_g (3^4) 试验。称取鸡腿菇粉碎物100 g，放入超临界 CO_2 萃取釜中，萃取釜和分离釜的温度及压力依据每次萃取要求设定，萃取1 h。

经实验可知，超临界 CO_2 萃取鸡腿菇挥发性风味成分的最佳工艺参数为萃取压力20 MPa，萃取温度55℃，分离压力8 MPa，分离温度25℃，萃取1 h后萃取率为2.30%。利用GC-MS分析鸡腿菇的超临界萃取物，鉴定出包括酸类、酯类、醛类、酮类、喹啉类等共25种物质，其中相对含量较高的是亚油酸（52.67%）、硬脂酸（27.77%）和棕榈酸（13.66%）。

6. 固相微萃取法

固相微萃取集样品采集、目标物萃取、样品浓缩和进样等过程于一身，能够简便和快速地检测待检物，适用于萃取含量低的挥发性、半挥发性物质。整个检测过程不需要任何溶剂，具有良好的选择性和高的灵敏度。该方法操作简单，费用低廉，能较准确地反映样品的风味组成；且样品前处理时间短，安全系数更高。

固相微萃取基本原理：这种技术中惰性纤维外涂着一层吸附剂（有多种选择）。将涂有吸附剂的纤维置于样品顶空（液体样品可直接放入其中），然后再对已经饱和的纤维加热，使挥发性成分分解，吸到气相色谱中，最后对这些释放出来的挥发性物质进行分析，分析装置见图7-5。涂膜纤维是一个改进过的注射器，它的针可以收进一个外层护鞘中，这种可以回收的特性能使其免遭物理破坏和污染。固相微萃取是根据平衡原理，得到的挥发物组成与样品的组成极其相关，需要严格控制取样的参数。

固相微萃取包括吸附和解吸两步。吸附过程中待测物在样品及石英纤维萃取头外涂渍的固定液膜中平衡分配，遵循相似相溶的原理。这一步是物理吸附的过程，可快速达到平衡。如果使用液态聚合物涂层，当单组分单相体系达到平衡时，涂层上吸附的待测物的量与样品中待测物浓度线性相关。解吸过程随后续化合物分离手段的不同而不同。对于气相色谱，萃取纤维插入进样口后进行热解吸，而对于液相色谱，则是利用溶剂进行洗脱。

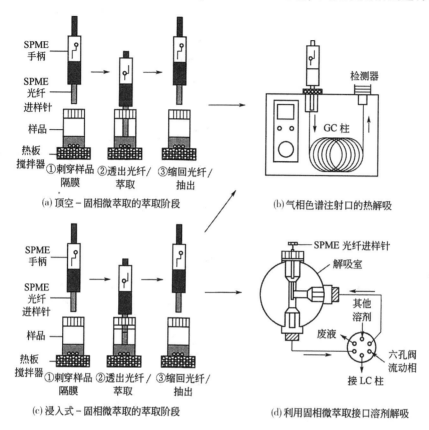

图 7 – 5　固相微萃取分析装置

固相微萃取可分为直接固相微萃取（direct-SPME）和顶空固相微萃取（head space-SPME，HS-SPME）两种。直接固相微萃取是将涂有高分子固相液膜的石英纤维直接伸入样品基质中进行萃取，经过一定时间后达到分配平衡，即可进行色谱分析。而顶空固相微萃取则是将石英纤维放在样品溶液上方进行顶空萃取，避免了基质的干扰，因此顶空固相微萃取适合任何基质。

固相微萃取由手柄和萃取头两部分构成，似一支色谱注射器。萃取头是一根涂有不同色谱固定相或吸附剂的熔融石英纤维，接不锈钢丝，外套细的不锈钢针管（进样及保护石英纤维不被折断），纤维头可在针管内伸缩。手柄用于安装萃取头，可永久使用（见图 7 – 6）。

固相微萃取法样品萃取步骤为：①将固相微萃取针管穿透样品瓶隔热，插入瓶中；②推手柄杆使纤维头伸出针管，纤维头可以浸入水溶液中（浸入方式）或置于样品上部空间（顶空方式），萃取时间为 2 ~ 30 min；③缩回纤维头，然后将针管取出样品瓶。

气相色谱分析：①将固相微萃取针管插入气相色谱仪进样口；②推手柄杆，伸出纤维头，热脱附样品进色谱柱；③缩回纤维头，移去针管。

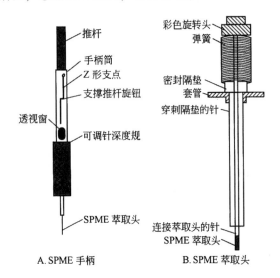

A. SPME 手柄 B. SPME 萃取头

图 7－6 固相微萃取装置

高效液相色谱分析：①将固相微萃取针管插入 SPME/HPLC 接口解吸池，进样阀置于"Load"位置；②推手柄杆，伸出纤维头，关闭阀密封夹；③将阀置于"Inject"位置，流动相通过解吸池洗脱样品进样；④阀重新置于"Load"位置，缩回纤维头，移走 SPME 针管。

影响固相微萃取效果的因素有很多，主要有萃取头类型、萃取温度、萃取时间等。只有在较佳的萃取条件下，才能获得较好的分析结果。萃取头是整个 SPME 技术的核心，不同的萃取头对物质的萃取吸附能力是不同的，决定萃取头性质的关键技术就是萃取头的纤维涂层，涂层的性质决定了该方法的应用范围和分析中能检测到的浓度范围。目前，常见的涂层有聚丙烯酸酯（PA）、聚二甲基硅氧烷（PDMS）、聚乙二醇-二乙烯基苯（CW-DVB）、聚二甲基硅氧烷-二乙烯基苯（PDMS-DVB）和聚乙二醇-模板树脂（CW-TPR）等。

顶空固相微萃取是一种集萃取浓缩为一体的分离技术，该技术所需样品量少，样品前处理简单，与气相色谱-质谱联用（GC-MS）结合，可对样品中的挥发性风味成分进行定性和定量分析。目前，该方法已广泛应用于食用菌的挥发性成分分析。

举例：采用顶空固相微萃取结合气相色谱一质谱联用（HS-SPME-GC-MS）法对平菇、香菇、双孢蘑菇、金针菇和杏鲍菇 5 种食用菌的挥发性成分进行分析。

样品处理步骤：①称取 10.00 g 切碎的新鲜样品于 40 mL 采样瓶中；②加入 3.00 g NaCl 和 20.0 mL 蒸馏水混匀，盖紧瓶盖；③置于 60℃磁力搅拌器中平衡 10 min；④插入萃取头顶空吸附 35 min，完成后立即收回萃取头，并插入 GC-MS 进样口，在 250℃条件下解吸 5 min，其实验结果如图 7－7 所示。

从图 7－7 可知，平菇、香菇和双孢蘑菇中被鉴定的挥发性成分总相对含量超过 75%，而杏鲍菇和金针菇中只有 63.97% 和 61.61%。在这些被鉴定的化合物中，酮类是平菇、香菇、双孢蘑菇和金针菇中相对含量最高的挥发性成分，其在平菇中相对含量达到 44.67%，在双孢蘑菇和金针菇中相对含量也都超过 40%。杏鲍菇中酮类物质含量较少 (6.51%)，但是醇类物质相对含量最高 (51.64%)；而平菇和香菇中醇类物质相对含量也较高，都超过 20%。此外，双孢蘑菇中还含有较多烷烃类物质 (23.85%) 和醛类物质 (13.79%)。香菇中杂环和硫化物相对含量也较高 (23.98%)，香菇中未检测到烷烃类和酯类，双孢蘑菇中未检测到杂环和硫化物，金针菇和杏鲍菇中都未检测到酯类物质。

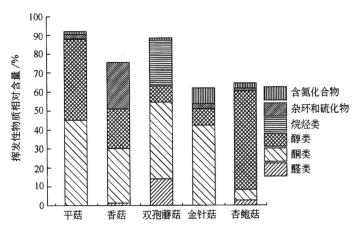

图 7-7　五种食用菌的挥发性成分种类及含量

(二) 香气成分的分析

1. 气相色谱法（gas chromatography，GC）

气相色谱法是分析挥发性风味物质的常用方法，它具有灵敏度高、分离效果好和定量准确的特点，被广泛用于香料中风味物质的研究。

气相色谱法原理：气相色谱系统由盛在管柱内的吸附剂或惰性固体上涂着液体的固定相和不断通过管柱气体的流动相组成。将欲分离、分析的样品从管柱一端加入后，由于固定相对样品中各组分吸附或溶解能力不同，即各组分在固定相和流动相之间的分配系数有差别。当组分在两相中反复多次进行分配并随移动向前移动时，各组分沿管柱运动的速度不同，分配系数小的组分被固定相滞留的时间短，能较快从色谱柱末端流出。以各组分从柱末端流出的浓度 c 对进样后的时间 t 作图，得到的图称为色谱图。

在食品风味物质研究的领域中毛细管气相色谱用得最多。毛细管柱内不装填料，空心柱阻力小，长度可达百米。将固定液直接涂在管壁上，总的柱内壁面积较大，涂层可以很薄，则组分在气相和液相间的传质阻力降低，这些因素使得毛细管柱的柱效比填充柱有了很大提升，分离效率高比填充柱高 10~100 倍，分析速度快，色谱峰窄，峰形对称。

全二维气相色谱是用一个调制器把不同固定相的两根柱子串联起来，两个柱子的操作温度不同，通过控制两个柱子的温差可以使待测物质的出峰时间和顺序发生变化，从而使分离不理想的风味化合物能够分离检出。与一维气相色谱相比，全二维气相色谱具有分辨率高、灵敏度高、定性准确、分析时间短等优点，因此，全二维气相色谱得到更为广泛的应用。

2. 气相色谱-质谱联用法（gas chromatograph-mass spectrometer，GC-MS）

GC-MS 法将气相色谱仪作为质谱仪的进样系统，首先气体混合物在气相色谱中分离，然后以纯物质进入质谱检测器中，对色谱流出物进行定性定量。质谱分析的基本原理如图 7-8 所示。它使所研究的混合物或单体形成离子，然后使形成的离子按质荷比（m/z）进行分离。质谱的高灵敏度（10~100 pg）及其与气相色谱的良好兼容性使得气质联用非常有价值。气相色谱-质谱联用是食用菌香气成分分析鉴定最常用的方法，该方法兼具两个优点：色谱的高分离效率和定量准确；以及质谱的高选择性和强鉴别能力，可以提供丰富的结构信息，便于定性。该方法同时具有灵敏度高、分析速度快、所需样品少等特点。

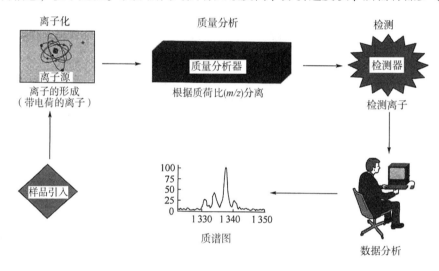

图 7-8　质谱分析基本原理

3. 气相色谱-嗅闻技术（GC-O）

GC-O 最早由 Fullerl 于 1964 年提出，是将气味检测仪同分离挥发性物质的气相色谱仪相结合的技术。

其工作原理是在气相色谱柱末端安装分流口，GC 毛细管柱分离出的流出物按照一定的分流比，一部分进入仪器检测器（通常为氢火焰离子检测器和质谱），另一部分通过传输线进入嗅闻端口让人鼻（感官检测器）进行感官评定。它结合不同分析方法（如频率检测法、香气提取物稀释分析、气味具体量值估计法等）可以指出食品大量挥发性成分中真正具有气味活性的成分和各气味成分在不同浓度下对整体气味的贡献大小，这些都是用仪器检测难以达到的，因此，GC-O 法是一种有效的风味化合物检测技术。

GC-O 与 GC-MS 相比，虽然 GC-MS 是目前香味成分分析最为常用的方法，但由于食品中产生的大量挥发性化合物中，只有一小部分挥发物具有香味活性，而且它们的含量和阈值都很低。对于静态顶空分析而言，其顶空的挥发物浓度 $\geqslant 10^{-5}$ g/L 时才能被质谱检测到，也就是说，质谱只能检测出含量相对多的挥发性物质。而且，GC-MS 是一种间接的测量方法，无法确定单个的香味活体物质对整体风味贡献的大小。而 GC-O 却能解决上述问题，它将气相色谱的分离能力和人鼻子敏感的嗅觉联系起来，从某一食品基质所有的挥发性化合物中区分出关键风味物质。

GC-O 在风味强度评价方面具有仪器无法相比的优越性，但是 GC-O 感官审评量化结果的重复性、稳定性、灵敏性仍有待进一步优化。目前，已出现了 GC×GC-O/MS 技术，可使各香气成分得到更好的分离，获得更为可靠、丰富的信息，它在气味活性分析中必将发挥更大的作用，应用范围也将更加广泛。

4. 气相色谱-离子迁移色谱法（gas chromatography-ion mobility spectrometry，GC-IMS）

GC-IMS 的基本结构如图 7-9 所示，复杂混合物经过 GC 分离以单个组分的形式进入到 IMS 反应区与电离区电离产生的试剂离子反应形成产物离子，产物离子在离子门脉冲作用下进入迁移区进行二维分离，分离后离子最终到达法拉第收集器被检测。

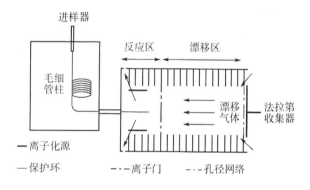

图 7-9 GC-IMS 基本结构

气相色谱用于化合物的检测最突出的特点是分离效率高，几乎能对所有化合物质进行分析。但常规气相色谱的分析时间一般在分钟以上量级，不能满足现场分析的需要，因此需要对能够实现现场快速分离的快速气相色谱进行研究；其次 GC 的保留时间会随着固定相的使用时间等因素而发生变化，可重复性较差，仅依据保留值，难以对复杂的未知物进行定性分析。而 IMS 的离子迁移率只与物质本身有关，是绝对的，定性分析准确。气相色谱与离子迁移谱的联用技术（GC-IMS）利用色谱突出的分离特点，对混合物进行预先分离，使混合物成为单一组分后再进入 IMS 检测器进行检测，这种联用技术大大提高了混合物的检测准确度。

举例：香菇挥发性风味成分的气相色谱-离子迁移谱分析。

样品处理步骤：香菇子实体采集后 60℃ 烘箱烘干，使用自封袋收集后置于玻璃干燥器中保存待用。将烘干后的香菇子实体经电动研磨超细粉碎，取1 g样品粉末于20 mL顶空进样瓶中，使用Flavour Spec气相离子迁移谱仪进行检测。

GC-IMS检测参数：振荡器温度为60℃，振荡速度500 r/min（5 s ON/2s OFF），振荡10 min，进样温度为65℃，进样量500 μL，注入速度100 μL/s，载气为高纯氮气（≥99.999%），色谱柱温度40℃，色谱工作时间21 min。

实验结果：从图7-10中可以看出，反应离子峰（reaction ion peak，RIP）右侧的每一个点代表一种挥发性有机物。颜色代表物质的浓度，白色表示含量较低，颜色越深表示含量越高。整个谱图代表了样品的全部顶空成分，从图7-10中可以看出香菇挥发性组分可以通过GC-IMS技术很好地分离，并且可直观地看出样品之间的差异。

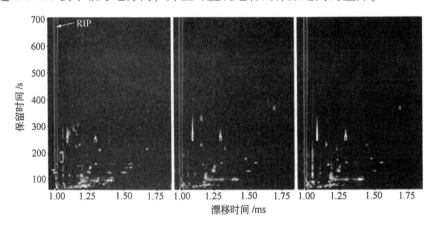

图7-10　3个香菇样品的气相离子迁移

5. 电子鼻法

电子鼻也称人工嗅觉系统，是模仿生物鼻的一种电子系统，主要根据气味来识别物质的类别和成分。电子鼻一般由气敏传感器阵列、信号处理子系统和模式识别子系统三大部分组成。图7-11为PEN3电子鼻的示意图。

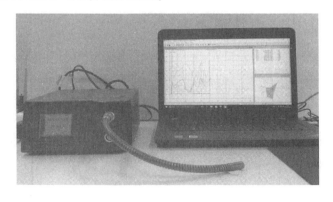

图7-11　PEN3电子鼻

其工作原理是当某种气味呈现在一种活性材料的传感器面前时，传感器将化学输入转换成电信号，由多个传感器对一种气味的响应便构成了传感器阵列对该气味的响应谱。显然，气味中的各种化学成分均会与敏感材料产生作用，所以这种响应谱为该气味的广谱响应谱。为实现对气味的定性或定量分析，必须将传感器的信号进行适当的预处理（消除噪声、特征提取、信号放大等）后，采用合适的模式识别分析方法对其进行处理。理论上，每种气味都有它的特征响应谱，根据其特征响应谱可区分不同的气味。同时，还可利用气敏传感器构成阵列对多种气体的交叉敏感性进行测量，通过适当的分析方法，实现混合气味的分析。

电子鼻的工作可简单归纳为：传感器阵列信号预处理—神经网络和各种算法计算机识别（气体定性定量分析）。从功能上讲，气体传感器阵列相当于生物嗅觉系统中的大量嗅感受器细胞，神经网络和计算机识别相当于生物的大脑，其余部分则相当于嗅神经信号传递系统。

电子鼻技术响应时间短、检测速度快，不像其他仪器，如气相色谱传感器、高效液相色谱传感器等需要复杂的预处理过程；其测定评估范围广，可以检测各种不同种类的食品，并且能避免人为误差，重复性好；能检测一些人鼻不能检测的气体，如毒气或一些刺激性气体。它在许多领域尤其是食品行业发挥越来越重要的作用。随着生物芯片、生物技术的发展和集成化技术的提高及一些纳米材料的应用，电子鼻在食用菌香气分析领域会有广阔的应用前景。

第二节　食用菌呈味物质的分析方法

一、食用菌主要呈味物质

食用菌中的呈味物质主要包括游离氨基酸、核苷酸、可溶性糖和有机酸等。其中，游离氨基酸是一类重要的呈味物质，根据其呈味特性可分为四类：鲜味氨基酸、甜味氨基酸、苦味氨基酸和无味氨基酸。氨基酸的呈味特性见表 7 - 1。

表 7 - 1　氨基酸的呈味特性

游离氨基酸	呈味特性	呈味阈值/（mg·mL^{-1}）
天冬氨酸	鲜味	1
谷氨酸	鲜味	0.3
天冬酰胺	无味	无
丝氨酸	甜味	1.5

游离氨基酸	呈味特性	呈味阈值/（mg·mL^{-1}）
谷氨酰胺	无味	无
组氨酸	苦味	0.2
甘氨酸	甜味	1.3
苏氨酸	甜味	2.6
丙氨酸	甜味	0.6
精氨酸	苦味	0.5
酪氨酸	苦味	无
缬氨酸	苦味	0.4
甲硫氨酸	苦味	0.3
色氨酸	苦味	无
苯丙氨酸	苦味	0.9
异亮氨酸	苦味	0.9
亮氨酸	苦味	1.9
赖氨酸	甜味/苦味	0.5
脯氨酸	甜味/苦味	3

食用菌中游离氨基酸含量较多，占总氨基酸的 25% ~ 35%，对食用菌特有风味的形成起着重要作用。例如，谷氨酸是食用菌中的主要氨基酸，在 Na$^+$ 存在下，可生成谷氨酸钠（MSG，味精主要成分），形成浓厚的鲜味；天冬氨酸含量次之，也会增强食用菌的鲜味特性。丙氨酸能够改善甜感，增强醇厚度，缓和苦涩味等。不同食用菌中氨基酸的组成和含量大不相同，构成其独特的风味特性。

同时，食用菌中还存在某些稀有氨基酸，会增加食用菌的鲜味。如口蘑、橙盖鹅膏菌等食用菌中还含有口蘑氨酸和鹅膏蕈氨酸；羊肚菌属的食用菌含有顺-3-氨基-L-脯氨酸、a-氨基异丁酸和 2，4-氨基异丁酸，这些氨基酸使羊肚菌产生特殊风味。

核酸是重要的生物大分子，在特定生物酶的作用下，水解生成游离核苷酸，其中 5′-核苷酸具有较强呈味特性被称为呈味核苷酸，结构式见图 7 – 12。5′-鸟苷酸（GMP）、5′-肌苷酸（IMP）、5′-黄苷酸（XMP）和 5′-腺苷酸（AMP）为呈鲜味核苷酸，且前两者的鲜味特性较强。5′-尿苷酸（UMP）、5′-胞苷酸（CMP）虽然呈味特性较弱，仍可赋予食物特殊风味。部分核苷酸的代谢物如肌苷和次黄嘌呤等，也具有呈味特性。食用菌中有大量呈味核苷酸，如 GMP、IMP、AMP 等。GMP 在食用菌中含量最为丰富，是形成香菇特有鲜味的主要物质。

核苷酸可与谷氨酸钠（MSG）产生协同作用，显著提高 MSG 的鲜度。在核苷酸的存在下，即使鲜味氨基酸的含量低于阈值，也可以使呈鲜效果达到阈值以上的水平。核苷酸和氨基酸的配比不同时，增鲜效果不同，如5% IMP + 95% MSG 混合物的鲜度为单纯 MSG 的 6 倍，12% GMP + 88% MSG 混合物的鲜度为单纯使用 MSG 的 9.1 倍。

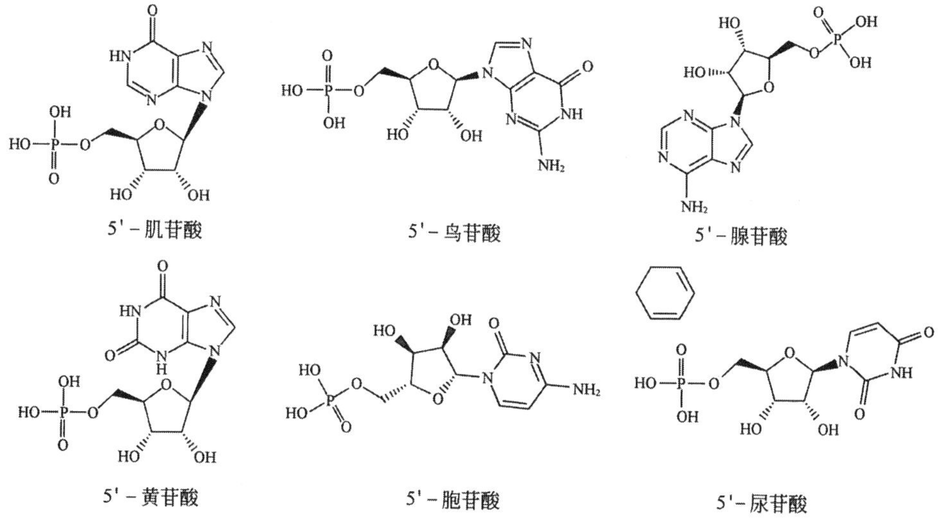

5'-肌苷酸   5'-鸟苷酸   5'-腺苷酸

5'-黄苷酸   5'-胞苷酸   5'-尿苷酸

图 7 - 12 呈味核苷酸结构式

可溶性糖/糖醇不仅与食用菌的药用价值相关，也是食用菌产生甜味的重要原因，其种类和含量直接影响食用菌的滋味和口感。食用菌中主要可溶性糖/糖醇是海藻糖和甘露醇，甜度分别为 45 和 70（蔗糖甜度为 100）。研究表明，甘露醇是食用菌中甜味的重要物质来源，随着甘露醇含量的增加，食用菌甜爽度也随之提高。一些其他可溶性糖/糖醇如葡萄糖、果糖、阿拉伯糖醇等也共同起到增甜的作用。

多种有机酸也参与了食用菌的最终呈味，其种类和含量的不同在一定程度上影响了食用菌独特风味的形成。柠檬酸酸味圆润、爽快可口。苹果酸酸度比柠檬酸更大，但口感柔和，具有特殊的香味。琥珀酸的钠盐有鲜味，而且味觉特性不同于鲜味氨基酸和呈味核苷酸，可与后者共同调节食用菌的鲜味。琥珀酸、柠檬酸、富马酸等为食用菌中常见有机酸。不同品种的食用菌在有机酸的种类和含量存在显著差异，如杏鲍菇中主要的有机酸为柠檬酸、琥珀酸、醋酸。而在鲍鱼菇中，富马酸则为含量最高的有机酸，占有机酸含量的 80% 左右。

食用菌中的一些无机离子、维生素等物质也会间接或直接地调节食用菌的最终滋味。如 Na^+ 与谷氨酸和琥珀酸生成相应钠盐，进而增强食用菌鲜味。

二、游离氨基酸的分析方法

氨基酸是构成蛋白质大分子的基础物质，与生物的生命活动密切相关。氨基酸的组成不仅影响食用菌的营养价值，而且与其滋味密切相关。有大量学者对食用菌中氨基酸组成进行分析，目前食用菌中氨基酸的分析方法主要有高效液相色谱法、毛细管电泳法、气相色谱法、色谱质谱联用法。

（一）高效液相色谱法

高效液相色谱（high performance liquid chromatography）以液体作流动相，不受试样挥发性和热稳定性的限制，分析速度快，分离效能高，适用范围广，广泛应用于化合物的定性定量分析，也是分析氨基酸的重要方法之一。

液相色谱是基于混合物中各组分在两相（固定相和流动相）之间的不均匀分配进行分离的一种方法。氨基酸结构和性质上的差异，导致其在固定相上的驻留时间不同，适当调整流动相的组成和洗脱梯度，可实现氨基酸的有效分离。

氨基酸的分离常采用以 C_8 或 C_{18} 键合硅胶为固定相的反相柱、离子色谱交换柱、亲水作用色谱柱等。流动相通常为水相和有机相（如甲醇、乙腈、四氢呋喃等），有时需要加入缓冲盐调节 pH。

根据使用检测器的不同，高效液相色谱法可分为衍生法和非衍生法。

1. 衍生法

大多数氨基酸缺乏具有强紫外吸收和荧光效应的官能团，因此如果应用紫外吸收检测器（ultraviolet absorption detector，UVD）或荧光检测器（fluorescence detector，FLD）进行分析，则需要在检测前对氨基酸进行衍生化处理，使氨基酸转化成能被检测的衍生物。衍生化处理分为柱前衍生法和柱后衍生法。

柱前衍生即氨基酸需要先进行衍生化处理生成衍生物后，再通过反相色谱柱分离检测。该方法操作简单，灵敏度高，对色谱仪的要求较低。目前，分析氨基酸常用的柱前衍生剂主要有以下几种，异硫氰酸苯酯（PITC）、二硝基氟苯（DNFB），可使衍生化产物具有紫外吸收特性；邻苯二甲醛（OPA）、氯甲酸-9-芴基甲酯（FMOC-Cl）等衍生试剂可生成具有强荧光的衍生物。6-氨基喹啉-N-羟基琥珀酰亚胺氨基甲酸酯（AQC）的衍生产物同时具有紫外吸收特性和荧光特性，几种氨基酸衍生剂比较见表7-2。

表7-2　几种氨基酸衍生剂比较

名称	衍生条件	衍生时间/min	操作难易	衍生物稳定性	检测器类型	是否干扰	是否与二级核苷酸反应
OPA	单步室温	15	简单	不稳定	荧光/紫外	无	不反应
FMOC-Cl	单步室温	<1	简单	稳定	荧光/紫外	有	反应
DNFB	加热避光	60	复杂	稳定	紫外	有	反应
PITC	多步室温	60	复杂	稳定	紫外	无	反应
丹磺酰氯（Dansyl-Cl）	加热避光	40	简单	稳定	荧光	有	反应

名称	衍生条件	衍生时间/min	操作难易	衍生物稳定性	检测器类型	是否干扰	是否与二级核苷酸反应
AQC	多步加热	10~30	简单	稳定	荧光	有	反应
对甲氧基苯磺酰氯（MOBS-CI）	单步加热	35	简单	稳定	紫外	无	反应
咔唑-9-乙基氯甲酸酯（CEOC）	单步室温	2	简单	稳定	荧光/紫外	有	反应

举例：应用柱前衍生法测定真姬菇、金针菇和杏鲍菇中游离氨基酸含量。

（1）提取氨基酸：取干燥的样品粉末（40 目）1.0 g，加水 30 mL，浸泡 1 h，超声提取 40 min。过滤，滤渣同上述方法再提取两次，合并滤液，定容至 100 mL。

（2）衍生化反应：取对照品溶液和样品溶液各 200 μL，各加入 0.1 mol/L 异硫氰酸苯酯乙腈溶液 100 μL，1 mol/L 三乙胺溶液 100 μL，混匀，室温放置 1 h，加入正己烷 400 μL，混匀。10 000 r/min 离心 5 min，分层后取下层溶液过 0.45 μm 滤膜。

（3）仪器检测：选用 Atlanticd C_{18} 色谱柱对衍生物进行分离。流动相 A：甲醇-乙腈溶液（1：2，体积比）。流动相 B：取 12.6 g 乙酸钠，加入 930 mL 水溶解，另加入 70 mL 乙腈，充分摇匀。调节 pH 为 6.5，流动相 A、B 均用 0.45 μm 滤膜过滤，流速为 1.0 mL/min，梯度洗脱。使用二极管阵列检测器进行测定，吸收波长为 245 nm。

结果表明，三种食用菌均含有 18 种氨基酸，总游离氨基酸的含量分别为 5.32%、4.72% 和 4.59%；其中，谷氨酸与天冬氨酸的比例差别较大，推测三种食用菌的鲜味可能与谷氨酸和天冬氨酸的比例有关。

柱后衍生法是指多种氨基酸经过色谱分离后，与衍生剂反应，生成具有荧光和紫外吸收特性的衍生物。该方法在分离氨基酸后进行衍生化处理，可有效避免其他物质的干扰，适用于复杂样品的氨基酸分析，常用的衍生剂有茚三酮和邻苯二甲醛。

茚三酮是经典的氨基酸衍生试剂，可同时与一级和二级氨基酸发生衍生反应。其与一级氨基酸产生深蓝色或蓝紫色衍生物，与二级氨基酸反应产生黄色衍生物，可被紫外-可见光检测器检测，茚三酮衍生化过程见图 7-13。

氨基酸自动分析仪就是根据茚三酮衍生化原理进行氨基酸分析的。在酸性条件下，氨基酸变为阳离子，经过阳离子交换色谱柱分离后，与茚三酮发生衍生化反应，再应用紫外-可见光检测器进行测定，检测波长为 570 nm 和 440 nm。

氨基酸分析仪具有分析效率高、重现性好、自动化程度高等优点，是目前应用最为广泛的氨基酸分析方法。但衍生法步骤烦琐、操作复杂、耗时较长等缺点在一定程度上限制了衍生法的应用。

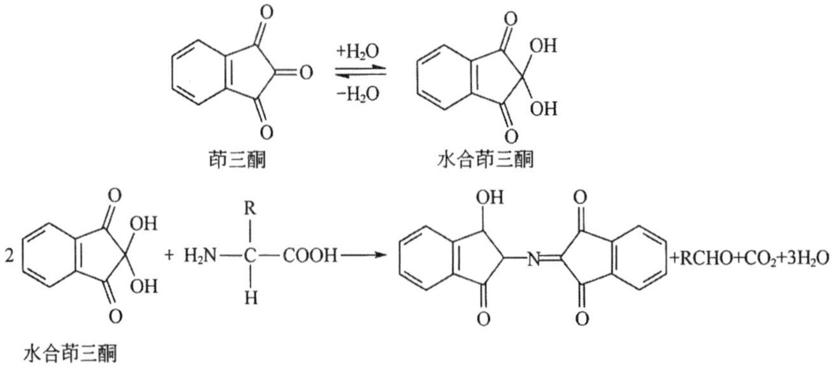

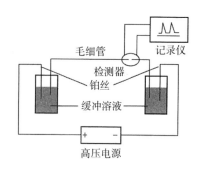

图 7 - 13　茚三酮衍生化过程

2. 非衍生法

非衍生法即氨基酸可直接检测，无须进行衍生化处理的分析方法。目前，蒸发光散射检测技术和阴离子交换色谱-积分脉冲安培检测技术两种技术较多应用于食品、烟草、医药等行业的氨基酸检测。

蒸发光散射技术可直接检测无紫外吸收和荧光官能团的物质，适用于未衍生化氨基酸的检测，但存在噪声较高、灵敏度低、响应与被测物浓度不成线性等问题。

阴离子交换色谱-积分脉冲安培法应用电化学检测技术。在强碱性条件下，氨基酸中的羧基变成阴离子，经过阴离子交换色谱柱分离后，进入积分脉冲安培检测器，在金电极表面施加一定的电位可使氨基发生氧化反应，从而实现对氨基酸的检测。此方法具有灵敏度高、选择性好的特点，被更多应用于食品分析。

（二）毛细管电泳法

毛细管电泳是以毛细管为分离通道，以高压直流电场为主要驱动力，根据带电物质在电场中的电迁移率不同对混合物进行分离。毛细管电泳仪由高压直流电源、进样装置、毛细管、检测器和两个供毛细管插入而又与电源电极相连的缓冲液储瓶组成（见图 7 - 14）在毛细管电泳中，带电的溶质离子在电场作用下发生迁移，不同的溶质离子的电泳迁移速度不同。除了溶质离子，缓冲液在电场的作用下也沿着毛细管迁移，这种现象被称为电渗流。正常模式下，电渗流的方向是由正极向负极移动。样品在毛细管内的移动速度取决于电渗流速度和电泳速度的矢量和。由于电渗流

图 7 - 14　毛细管电泳仪

速度大于电泳速度，所有离子均移向负极，阳离子在电渗流和电泳速度的双重影响下，以

最快的速度移向负极；中性溶质不受电泳速度的影响，流出速度与电渗流相同；阴离子受到正极的牵引，以低于电渗流的速率，缓慢移向负极。

根据毛细管分离模式可分为毛细管区带电泳（CZE）、毛细管等电聚焦电泳（CIEF）、毛细管等速电泳（CITP）、毛细管凝胶电泳（CGE）、胶束电动毛细管色谱（MEKC）、毛细管电色谱（CEC）、非水毛细管电泳（NACE）、亲和毛细管电泳（ACE）等。其中，毛细管区带电泳、胶束电动毛细管色谱和毛细管电色谱被应用于氨基酸的分离检测。

与高效液相色谱法相似，毛细管电泳法也可根据检测器不同分为：衍生法和非衍生法两种。应用紫外吸收检测器和荧光检测器时，需要对氨基酸进行衍生化处理，多数应用在高效液相色谱法中的衍生剂也适用于毛细管电泳。目前，电化学检测是应用毛细管电泳法检测未衍生氨基酸最灵敏的方法。

毛细管电泳法具有样品需求量少、分离效率高、分析速度快、成本低等特点。

（三）气相色谱法

气相色谱法（GC）是一种对易挥发且高温不易分解的化合物进行分析的色谱技术。对于一些挥发性过低、热稳定性差、分子极性过强的化合物，需要经过衍生化处理，改变待测组分的理化性质后，才可进行 GC 检测。由于氨基酸沸点较高，需要在测定前对氨基酸进行衍生化处理。

目前，氨基酸的衍生方法包括硅烷化、烷基化和酰基化，其中硅烷化是最主要的衍生方法。衍生化时，氨基酸中的活泼氢会被硅烷基、烷基或酰基所取代，生成挥发性强的衍生物。

硅烷化常用衍生剂是 N，O-双（三甲基硅烷基）三氟乙酰胺（BSTFA）和 N-叔丁基二甲基甲硅烷基-N-甲基三氟乙酰胺（MTBSTFA）。由于氨基酸中不同官能团活泼氢对硅烷化试剂的亲和力不同，不同的反应条件可能会产生多种衍生化产物（见图 7-15）。

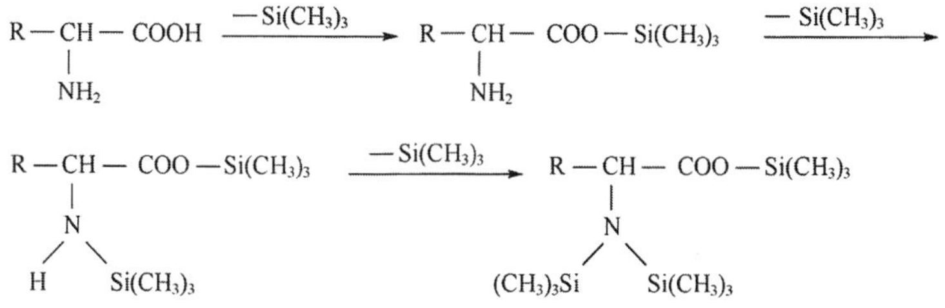

图 7-15 硅烷化衍生

由于衍生化过程使用的衍生试剂不同以及衍生反应的复杂性，不同氨基酸衍生速度存在很大差异，因此衍生化条件必须严格控制，以保证检测结果的重复性。硅烷化衍生试剂和衍生物对水分比较敏感，应保持反应体系干燥。部分氨基酸硅烷化产物不稳定，如精氨酸的衍生物会裂解成鸟氨酸和谷氨酸，谷氨酸会转变成焦谷氨酸。

氢火焰离子化检测器是一种高灵敏度通用型检测器。它几乎对所有有机物都有响应。检测时，被测组分在 H_2 火焰燃烧高温下，被电离生成正离子和电子。生成的离子和电子在外电场的作用下，定向移动形成微弱电流，进而输出到记录仪，得到色谱流出曲线。在一定范围内，微电流信号和被测组分质量成正比。

（四）色谱质谱联用法

由于质谱的高选择性和高分辨率，可实现对共洗脱成分和干扰杂质的有效区分，是复杂样品中氨基酸分析的有力工具。气相色谱、液相色谱和毛细管电泳均可与质谱串联并应用于氨基酸的分析。气相色谱-串联质谱法灵敏度高、分辨率和重复性好，在氨基酸对应异构体的分析上具有优势。液相色谱-串联质谱法和毛细管电泳-串联质谱法可实现对衍生化/未衍生化的氨基酸分析。

质谱仪基本组件和功能见图 7–16。样品经色谱分离后，依次进入离子源，在离子源完成电离过程，生成带电离子，继而进入质量分析器，带电离子根据质荷比（m/z）大小进行分离；离子撞击检测器则转换生成电信号。

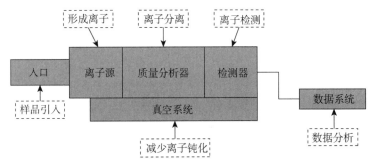

图 7–16　质谱仪基本组件和功能

举例：应用 GC-MS 测定野生蘑菇中游离氨基酸含量。

（1）氨基酸提取。取 10 g 蘑菇洗净，沥干，切成 5～10 mm 厚。加入 80% 的乙醇水溶液（体积分数），在 75℃ 下均质 10 min。收集样品进行索氏提取，加入 100 mL 80% 的乙醇水溶液，75℃ 下水浴回流 2 h，提取液冻干并进行衍生化处理。

（2）衍生化。使用 MTBSTFA 进行氨基酸衍生化。每个样品加入 75 μL 内标溶液，氮吹至完全干燥。加入 10 μL 二甲基甲酰胺和 60 μL MTBSTFA，密封后 70℃ 加热 20 min，完成衍生化。

（3）GC-MS 分析。应用安捷伦 6890/5973B 气相色谱质谱联用仪测定氨基酸衍生化样品，采用 DB-5 气相色谱柱分离氨基酸衍生物。

①气相色谱条件。升温程序：初始温度 120℃，以 120℃/min 的速度升温至 150℃，

保持 5 min；后以 7℃/min 的速度升温至 240℃；以 20℃/min，升至 295℃，持续 16 min。进样口温度为 260℃；载气流速（He）为 45 mL/min。

②质谱条件选择电子轰击电离模式，电子能量 70 eV，选取 Scan 模式，质量扫描范围为 30～700m/z。传输管温度为 300℃；离子源温度 230℃；四极杆检测器温度为 150℃。氨基酸衍生物的鉴定是通过与标准品的质谱图和保留时间的对比而确定的。

三、呈味核苷酸的分析方法

食用菌中有大量呈味核苷酸，对食用菌特有鲜味的形成起着重要作用，因此食用菌中呈味核苷酸类物质的分析也受到广泛关注。核苷酸具有极性强和挥发性低的特点，常用的分析方法有高效液相色谱法、毛细管电泳法和色谱质谱联用法等。

（一）高效液相色谱法

高效液相色谱法是核苷酸类物质分析最常用的方法。反相高效液相色谱、离子对色谱、亲水作用色谱等可用于分离核苷酸。由于嘌呤碱和嘧啶碱具有共轭双键，使碱基、核苷和核苷酸在 240～290 nm 的紫外波段有强烈的吸收峰，因此核苷酸定性定量分析可通过紫外吸收检测器实现。

1. 反相高效液相色谱

反相高效液相色谱是采用非极性固定相和极性流动相，利用组分在固定相和流动相之间的不均匀分配进行分离的一种方法。核苷酸极性较大，在传统 C_{18} 固定相上难以保留。但随着色谱技术的开发，越来越多种反相色谱柱逐渐问世，增强了对极性物质的保留能力，因此部分反相色谱柱也可以实现对核苷酸的分离。目前，反相高效液相色谱被大量应用于核苷酸的测定，而且高效液相色谱－紫外检测法是检测食用菌中核苷酸含量最为常用的方法。

举例：应用高效液相色谱－紫外检测器测定 17 种食用菌中核苷酸含量。

（1）核苷酸提取。取 500 mg 蘑菇冻干粉加入 50 mL 去离子水。沸水浴提取 1 min，冷却至室温。4000 r/min 离心 30 min，取出上清液，进样前使用 0.22 μm 滤膜过滤样品。

（2）核苷酸检测。应用 Ge mini-NX C_{18} 色谱柱（250 mm×4.60 mm，5 μm）分离核苷酸。流动相 A：甲醇。流动相 B：水（含 0.05% 磷酸）溶液。以 5% 流动相 A 等度洗脱，流速为 0.7 mL/min。紫外吸收检测器的检测波长为 254 nm。

应用此方法，测定 17 种食用菌中呈味核苷酸，结果表明不同样品中核苷酸总量差异较大，最高可达到 36.93 mg/g，而黑木耳中含量最低，仅为 0.4 mg/g。

2. 亲水作用色谱

亲水作用色谱是基于水分子吸附在亲水基球表面作为分配过程中固定相的一种色谱模

式。分离原理是基于样品在固定相表面吸附的水层和流动相之间的分配。采用亲水极性固定相，如硅胶填充柱、极性聚合物填料等，应用含极性的有机溶剂和水溶液为流动相体系，乙腈-水是最常见的洗脱溶液。亲水作用色谱对高极性物质有较强的保留能力，且流动相组成简单、分离效率高，适用核苷酸类物质的分离和鉴定。

3. 离子交换色谱

离子交换色谱法是利用被分离组分离子交换能力差异而实现分离的。固定相为离子交换树脂，流动相为一定 pH 和离子强度的缓冲溶液。树脂分子结构中存在许多可以电离的活性中心，待分离组分中的离子会与这些活性中心发生离子交换，形成离子交换平衡，从而在流动相和固定相之间形成分配。固定相的固有离子与待分离组分中的离子争夺离子交换中心，并随着流动相的运动而运动，最终实现分离。核苷酸类物质通常使用阴离子交换色谱柱进行分离。

待分离组分的离子电荷、离子半径以及洗脱液的组成和 pH 等因素都会影响离子的洗脱顺序。离子交换色谱法具有较高的分离效率，但是使用时需要对分离柱进行平衡、再生，耗时较久，后期随着更多高效分析方法的出现，该方法逐渐被取代。

4. 离子对色谱

离子对色谱在保留机理上有很多理论模型，包括离子对模型、动态离子交换模型和离子相互作用模型。离子对模型是目前最流行的理论，是指在流动相加入与待分离物质离子电荷相反的离子（对离子），使之与待测离子作用生成疏水性中性物质，再通过该物质在固定相和流动相间的分配系数差异进行分离。

离子对色谱分为正相离子对色谱和反相离子对色谱，后者应用更为广泛。离子对试剂有两大类：季铵盐类和烷基磺酸盐类，前者在 pH 为 7.5 的条件下可与强酸和弱酸形成离子对；后者在 pH 为 3.5 的条件下与强碱和弱碱形成离子对。影响离子对色谱分离的主要因素有离子对试剂的种类和浓度、pH、流动相中的离子类型和浓度等。

分离核苷酸常应用反相离子对色谱，色谱柱固定相常为 C_{18} 键合相。由于核苷酸在 pH 为 $2 \sim 12$ 下带负电荷，常选择季铵盐类化合物作为离子对。

（二）毛细管电泳法

与液相色谱法相比，毛细管电泳对极性和结构相似的化合物有更高的分离效率和更好的分辨率。同时，使用毛细管电泳也避免了液相中常见的谱带扩展现象。毛细管区带电泳、毛细管电色谱已成功应用于核苷酸的检测。

（三）色谱质谱联用法

液相色谱-串联质谱法与毛细管电泳-串联质谱法可用于核苷酸的分析。考虑到质谱的兼容性，离子对色谱中使用的离子对试剂季铵盐不易挥发，会导致质谱仪污染，因此，应选择挥发性更强的离子对试剂，如三丁胺己胺、二丁胺盐、二甲基己胺等。同样，其他色谱以及毛细管电泳中应用的缓冲盐类也应使用易挥发性物质。目前，大量学者开发了多种色谱质谱联用方法，对食用菌中的核苷酸物质进行分析。

举例：使用液相色谱-离子阱质谱法测定香菇中的核苷和核苷酸。

1. 样品提取

取 100 g 干香菇捣碎成浆，加入 300 mL 0.14mol/L NaCl 溶液，在 60℃下浸泡 3 h；然后迅速放入沸水浴中加热 10 min。冷却离心取 5 mL 上清液，用 0.5 mol/L 的 NaOH 溶液调至 pH 为 8。提取液过离子交换柱，使用蒸馏水洗去不吸附物，然后用 pH 为 3.7 的 0.1 mol/L 甲酸甲酸钠缓冲液洗脱待测物。收集洗脱液 500 mL，旋转蒸发至近干，再用超纯水定容到 10 mL。经过 0.22 μm 微孔滤膜过滤后，可进行液质分析。

2. 液相条件

分离色谱柱为 Zorbax XDB-C$_{18}$（150 mm×2.0 mm，5 μm）；流动相 A 为甲醇；流动相 B 为 0.1% 甲酸水溶液。梯度洗脱程序：0～10 min，10% 流动相 A；10～15 min，10%～5% 流动相 A；20～25 min，5%～10% 流动相 A。流速为 0.2 mL/min；进样量为 20 μL。

3. 质谱条件

使用电喷雾离子源，正离子模式检测。雾化器压力 275.8 kPa。干燥气流速：8 L/min。干燥气温度：350℃。毛细管电压：3500 V。利用核苷酸的准分子离子和二级碎片离子进行定性和定量分析（见表 7-3）。

表 7-3　4 种核苷酸的母离子及其子离子碎片

核苷酸	分子量/Da	母离子质荷比（m/z）	子离子质荷比（m/z）
尿苷酸	244	245	113
肌苷酸	268	269	137
鸟苷酸	283	284	152
腺苷酸	267	268	136

应用该方法测定 4 种不同产地的市售香菇，发现 GMP 为香菇中含量最高的核苷酸，可达到 425.3 μg/g，UMP 含量最低为 102.5 μg/g，大量核苷酸对香菇独特风味的形成起着重要作用。

四、可溶性糖/糖醇的分析方法

可溶性糖指在生物细胞内呈溶解状态，可被水和其他极性溶剂提取出来的糖，如葡萄糖、果糖、麦芽糖、蔗糖等。可溶性糖包括大部分单糖和寡糖。单糖是一种含有多羟基的亲水性物质，具有结构相似、极性强、非挥发性、无发色基团和荧光基团的特性；寡糖又被称为低聚糖，是由 2 ~ 10 个单糖分子通过糖苷键连接而成的，以二糖较为普遍。糖醇为多元醇，是糖分子上的醛基或酮基还原成羟基形成的，具有一定甜度。可溶性糖/糖醇不仅可以产生甜味，而且一些可溶性糖/糖醇还具有一定的活性功能，因此食用菌中可溶性糖/糖醇成分的测定也受到广泛关注，主要的分析方法有高效液相色谱法、气相色谱法、毛细管电泳法、色谱质谱联用法。

（一）高效液相色谱法

高效液相色谱是测定可溶性糖/糖醇最常用方法。根据糖的理化性质，主要色谱分离方式有反相高效液相色谱和阴离子交换色谱。

1. 反相高效液相色谱

由于糖类有很强的亲水性，难以在传统反相色谱柱上保留，需要使用专用的色谱柱，例如，糖基柱、氨基柱、酰胺柱。氨基柱和酰胺柱在常规硅胶柱上进行化学修饰使其表面键合上强极性的—NH_2 或—$CONH_2$ 键，具有保留亲水化合物的能力。酰胺柱较氨基柱稳定性更高，寿命更长，而且酰胺柱的梯度兼容性更高，能够排除盐分干扰，减少溶剂消耗，应用更为广泛。

糖类可通过衍生化增强在反相色谱柱上的保留，从而实现更好的分离效果。还原糖经过 1-苯基-3-甲基-5-吡唑啉酮（PMP）衍生，极性发生改变，可在普通 C_{18} 反相柱上保留；同时，衍生产物在 245 nm 下有紫外吸收特性，可通过 UVD 进行测定。

根据耦合检测器的不同，样品前处理过程有差异。使用示差折光检测器（RID）、蒸发光散射检测器（ELSD）、荷电气溶胶检测器（CAD）不需要进行衍生化。RID 操作简便、快速，应用较为广泛，但应用此检测器，仅能使用等度洗脱，有时难以满足复杂混合物的分离需求。应用 ELSD 时，应该选用低沸点的洗脱剂，避免蒸发温度过热，导致糖发生热降解。

使用 UVD 和 FLD 则需要进行衍生化反应。柱前衍生化法较为常见，主要衍生试剂有对氨基苯甲酸、邻氨基苯甲酸、PMP 等。但由于果糖和其他非还原糖分子上的空间位阻或缺乏醛基，不能与 PMP 等典型的衍生化试剂发生反应，致使无法对果糖进行检测，从而产生误差。邻氨基苯甲酸是荧光检测器最常用的衍生试剂。

2. 阴离子交换色谱

阴离子交换色谱适合强极性的糖类化合物检测。单糖在强碱性条件下呈现阴离子状态，可根据其所带电荷、吸附作用、分子量大小的差异在色谱中进行分离。高效阴离子交换色谱常耦合脉冲安培检测器，利用糖在电极表面的氧化还原反应来对单糖进行检测，无须进行衍生。该方法具有较高的灵敏度，检测限低至 μg/L。

高效阴离子交换色谱选择强碱性溶液为流动相，如 NaOH、KOH 溶液等。洗脱剂的浓度对糖类分离效果影响较大。对单糖进行洗脱时，选择 10~20 mmol/L 的 NaOH 溶液分离效果较好。流动相流速和柱温也会影响糖的分离。

举例：应用高效阴离子交换色谱，脉冲安培检测法分析食用菌中海藻糖、甘露醇和阿拉伯糖醇含量。

（1）可溶性糖提取。称取食用菌干粉 100 mg，加入 50 mL 蒸馏水，沸水浴提取 2 h 后定容到 50 mL。取 1 mL 溶液于 13 400 g 下离心 10 min，取上清液，过膜。

（2）色谱条件。实验选用 CarboPac MAI 阴离子交换柱（4 mm×250 mm），流动相为 480 mmol/L NaOH 溶液，流速为 0.40 mL/min，柱温为 30℃。脉冲安培检测器的工作参数：E1 为 100 mV，400 ms；E2 为 2 000 mV，20 ms；E3 为 600 mV，10 ms；E4 为 100 mV，70 ms。

应用该方法测定 17 种食用菌中海藻糖、甘露醇和阿拉伯糖醇含量。在此条件下，三种糖及糖醇可以有效地被分离检测，在食用菌基质中也实现较好的分离（见图 7-17）。全部食用菌样品中均含有海藻糖和甘露醇，且在大部分样品中海藻糖含量高于甘露醇。阿拉伯糖醇存在于部分食用菌中，仅在猴头菇和香菇中含量较高。

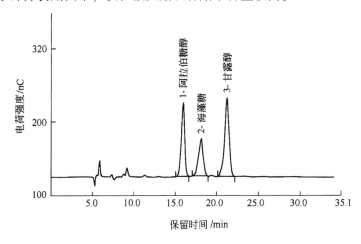

图 7-17　香菇样品色谱图

（二）毛细管电泳法

应用毛细管电泳法检测单糖可分为非衍生化法和衍生化法。

1. 非衍生化法

使用 UVD 检测时，有两种方式可对非衍生化糖进行检测：利用糖在强碱性条件下，发生离子化，可直接进行紫外吸收检测；或通过间接紫外检测，以某些有紫外吸收的物质（如山梨酸）作为背景电解质，使无吸收的物质产生负吸收而进行检测。应用脉冲安培电化学检测仪也可直接检测糖类物质，无须提前进行衍生化反应。

2. 衍生化法

常用柱前衍生法，引入紫外吸收基团或荧光基团，然后应用 UVD 或 FLD 对糖进行检测。

（三）气相色谱法

气相色谱-氢火焰离子化检测器可对糖进行分离测定。由于糖具有挥发性低、热稳定性差的特点，因此在进行检测前需要衍生化。常用的衍生化方法是硅烷化和乙酰化。硅烷化衍生法易产生副衍生物而造成多峰、重叠峰等现象，这给后续的定性工作带来较大困难，造成定量不准确。乙酰化衍生法能有效地减少由于糖的异构化而造成的多峰现象，每种单糖都能获得单一色谱峰，有利于对单糖进行准确定性和定量分析。

（四）色谱质谱联用法

近年来，质谱法在糖的结构解析中得到广泛应用。质谱法同样也用于小分子糖的检测，常与亲水作用色谱、毛细管色谱串联对可溶性糖进行定性定量分析。由于糖类通常存在多种同分异构体，所以质谱法在应用于糖类检测时，通常会选用有多级质谱能力的三重四极杆或者离子阱作为质量分析器。但单糖自身低电离度也造成质谱检测的灵敏度低、复现性差、回收率差等问题。气相色谱-串联质谱法在复杂糖类物质定性定量分析方面具有独特优势。

举例：使用 GC-MS 测定香菇和杏鲍菇及其预煮液中可溶性糖。

1. 样品干粉预处理

取 0.5 g 蘑菇干粉，加入 100 mL 水，于 60℃下超声 1 h，提取香菇中的可溶性糖。3 000 r/min 离心 10 min，取上清液在 60℃进行减压旋转浓缩。

2. 样品乙酰化处理

取上清液浓缩液水浴蒸干后，用真空干燥充分去除水分。用少量甲醇溶解样品，转移至安瓿瓶，加入 1 mL 吡啶密封。90℃水浴下反应 0.5 h；冷却至室温后，再加入 1.0 mL 乙酸酐密封，90℃反应 0.5 h，氮气吹干。加入 1 mL 氯仿溶解，再用 1 mL 蒸馏水洗涤两次，取氯仿层进行分析。

3. 色谱条件

使用 HP-5（30 m×250 μm×0.25 μm）气相色谱柱。升温程序：初始温度 200℃，保持 3 min；以 5℃/min 的速度升温至 210℃，保持 2 min；以 20℃/min，升至 230℃，保持 2 mm。载气为氦气，流速为 1.0 mL/min，压力 2.4 kPa。进样量为 0.2 μL；分流比为 50∶1。

4. 质谱条件

使用电子轰击离子源，电离电压 70 eV；传输管温度为 275℃；离子源温度为 230℃；母离子 m/z 为 285；激活电压为 1.5 V；质量扫描范围 m/z 为 0～500，扫描速率 2 scans/s。

五种物质的质谱图见图 7 - 18。香菇中检测到海藻糖、甘露醇和阿拉伯糖醇，而杏鲍菇中仅检测到甘露醇和阿拉伯糖醇。食用菌加工中的预煮过程，使大量可溶性糖溶出，如香菇中的海藻糖溶出率达到 96.5%。

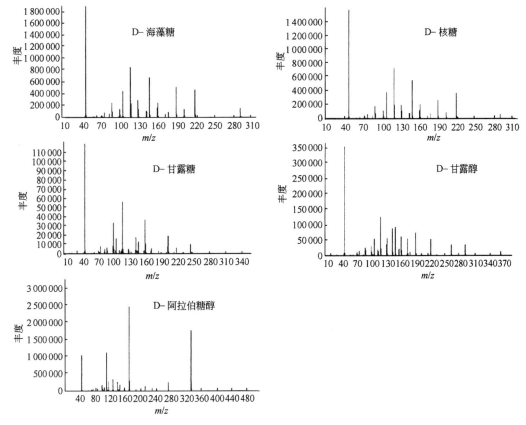

图 7-18　五种可溶性糖或糖醇的质谱图

五、有机酸的分析方法

有机酸是一类含有羧基具有酸性的化合物（不包括氨基酸）。小分子有机酸易溶于水、乙醇等，难溶于亲脂性有机溶剂；大分子有机酸易溶于有机溶剂而难溶于水。食用菌中主要参与呈味的是小分子有机酸，其测定方法主要有高效液相色谱法、毛细管电泳法、气相色谱法和色谱质谱联用法。

（一）高效液相色谱法

有机酸在不同的 pH 条件下，能够在离子形态和分子形态之间相互转换。因此，可在不同色谱体系下实现有效分离。

1. 反相高效液相色谱

应用反相色谱法对有机酸进行分离，需要保证有机酸以分子形式存在，通常使用酸性流动相来抑制有机酸的解离，如磷酸氢盐等。有时会在流动相加入有机溶剂，减少有机酸在固定相的吸附作用。由于有机酸以分子状态存在，基于紫外吸收特性的检测器更适合对有机酸进行检测。为了满足多种有机酸的检测，检测波长通常为末端吸收的 210 nm，也可根据一些有机酸的特定吸收波长进行调整。目前，反相色谱法是检测有机酸最为常用的方法。

举例：应用反相高效液相色谱法测定食用菌中 7 种有机酸。

样品前处理：将食用菌冻干、粉碎。称取 1 g 粉末，加入 20 mL 去离子水浸泡 30 min 后用超声提取 45 min。离心后取上清液，并用 0.45 μm 滤膜过滤后待用。

有机酸检测：使用色谱柱 Green ODS-AQ（250 mm × 4.6 mm，5 μm）分离 7 种有机酸。以磷酸二氢钾缓冲液为流动相，缓冲液浓度为 10 mmol/L，用 85% 磷酸调节 pH 至 2.8，流速为 1.0 mL/min。进样量 10 μL。使用 DAD 检测，吸收波长为 210 nm。

该方法具有良好的准确度和精密度，色谱图见图 7-19。应用此方法检测 8 种食用菌中的有机酸。结果表明：不同食用菌中有机酸种类和含量存在显著性差异，如富马酸在鲍鱼菇中含量可达到 96.11 mg/g，而在杏鲍菇中仅 1.56 mg/g。在 7 种有机酸中，仅柠檬酸和富马酸存在所有检测样品中。

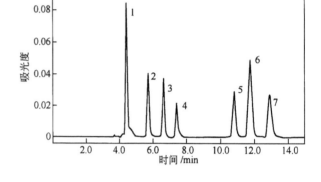

图 7-19　有机酸色谱图

1—酒石酸；2—苹果酸；3—抗坏血酸；4—醋酸；
5—柠檬酸；6—富马酸；7—丁二酸

2. 离子交换色谱

有机酸在水溶液中可部分解离，生成羧酸根阴离子和氢离子。应用离子交换色谱法时，羧酸根离子会与固定相中的阴离子基团相交换，保留在固定相上，从而实现分离。通常容易解离的有机酸更易在离子交换柱上保留。常用的阴离子交换柱均可实现有机酸的分离，常用的淋洗液为有机羧酸及其盐类，如邻苯二甲酸氢钾，电导较低，可提高有机酸的灵敏度。离子色谱法通常采用电化学检测器（ECD），也可通过 UVD 进行检测。应用离子色谱-电化学检测法时，食用菌中其他物质氨基酸、核苷酸等易对检测产生干扰，在一定程度上限制了离子色谱-电化学检测法的应用。

3. 离子排斥色谱

离子排斥色谱也可实现对有机酸的分离。分离原理为：进入色谱柱容易电离的物质被带电的树脂排斥而通过色谱柱，而难电离的物质和非离子物质则滞留在树脂上。电离度越大的物质保留时间越短，电离度越小的物质保留时间越长，而对于非离子物质，则通过它们与树脂官能团之间不同的极性引力和范德华力进行分离。

有机酸分离使用阳离子交换树脂，洗脱液通常为酸性溶液。有机酸的洗脱顺序为：同系物的离子按酸强度和水溶性降低的顺序洗脱；二元酸比一元酸更快洗脱，异酸比正酸更易洗脱；双键和苯环等结构会增加有机酸的保留。

举例：应用离子排斥色谱测定食用菌中 9 种有机酸。

称取 1 g 蘑菇粉，与 50 mL 甲醇充分混合（40℃），离心取上清液。在 40℃ 下负压蒸发，去除甲醇。使用盐酸溶液（pH 为 2.0）溶解样品。注入固相萃取柱（提前用 30 mL 甲醇和 70 mL 盐酸溶液活化）。非极性化合物被保留，极性化合物，如有机酸等用水溶液洗脱。洗脱液在 40℃ 下负压蒸干，复溶于 0.01 mol/L 硫酸溶液中。

使用离子排斥色谱柱 Nucleogel Ion 300 OA（300 mm×7.7 mm）对有机酸进行分离，以 0.01 mol/L 硫酸溶液为流动相，流速为 0.1 mL/min，等度洗脱 120 min，紫外吸收波长为 214 nm。

在此条件下，柠檬酸和酮戊二酸，苹果酸和奎尼酸色谱峰存在部分重叠，其余 5 种有机酸可实现完全分离。应用该方法测定六种食用菌的有机酸，其中柠檬酸、酮戊二酸、苹果酸、琥珀酸和反丁烯二酸存在所有样品中，而草酸、抗坏血酸、奎尼酸和莽草酸仅存在部分样品中。

（二）气相色谱法

气相色谱法主要应用于长链有机酸的分析，也有学者尝试用气相色谱法检测小分子量有机酸。如应用气相色谱－氢火焰离子化检测器测定蜂蜜中有机酸含量，同时测定乳酸、柠檬酸、琥珀酸、苹果酸 4 种有机酸。由于有机酸的非挥发性和热不稳定性，需要进行衍生化处理，主要为硅烷化、甲酯化两类。衍生化过程操作烦琐、耗时较久，而且衍生反应的转化率也会给结果带来一定误差，因此气相色谱对热稳定性差和含量低的有机酸分析存在一定的局限性。目前，成功应用于白酒、烟草、蜂蜜等物质中有机酸的检测。

（三）色谱质谱联用法

色谱质谱联用技术也应用于有机酸的检测。由于有机酸易电离出 H^+，因此，在使用电喷雾离子源时，在负离子模式下进行有机酸分析。质量分析器可选择三重四极杆、离子阱以及高精度的轨道阱质谱。质谱检测器常搭配反相色谱和亲水色谱使用。

六、多种呈味物质的同时测定

由于食品呈味物质种类较多，分别测定需要耗费大量的时间和人力，因此有学者开始探究可同时测定两种或多种呈味物质的有效方法，以提高检测效率。

色谱质谱联用技术是分析复杂样品的强大工具，具有色谱的优越分离性能与质谱高灵敏度和高选择性的特点，可同时测定上百种化合物，大大缩短了分析时间。目前该技术广泛应用于代谢组学、脂质组学、蛋白质组学等研究工作中。色谱质谱联用技术具有高分离能力、准确识别能力和稳定定量能力，使其在多种呈味物质同时测定上具有极大的潜力。

目前有学者尝试使用色谱质谱联用技术测定多种呈味物质。如 Dong 等人应用液相色谱质谱联用技术，同时测定香菇中游离氨基酸和呈味核苷酸含量，检测一个样品仅需要 18 min，节约了大量时间。Liu 等人建立一个液相色谱质谱联用方法，可同时对 20 种游离氨基酸、8 种有机酸和 7 种糖糖醇进行准确定量分析。Gorman 应用甲醇-氯仿-水溶液提取蘑菇粉中的极性物质和非极性物质。取极性物质（水相部分）用甲氧基胺盐酸盐衍生化后，用 GC-MS 进行分析，可检测到双孢蘑菇中 10 种氨基酸，9 种可溶性糖/糖醇和 10 种有机酸。

随着色谱和质谱技术的发展，会有越来越多的分析方法将应用于食用菌中多种呈味物质的同时测定。

第三节　食用菌风味的现代感官评价方法

风味是指人们在品尝过程中样品对口腔刺激而产生的气味、味道和化学感觉（例如，疼痛、化学热）等的综合感觉。在食品的各种感官特性中，风味占有非常重要的地位，食品风味好坏直接影响到消费者的可接受性和购买行为。食品风味的形成一方面取决食品的组成成分，另一方面食品加工过程中也会产生大量风味物质，影响食品风味特性。

感官评价是食品科学研究最重要的工具之一，用于唤起、测量、分析和解释通过视觉、嗅觉、触觉、味觉和听觉所感知到的食品及其他物质特征或性质的一门科学。感官评价最重要的特点是以人为"仪器"对产品进行测量，一方面可以感知产品的颜色、滋味、气味等特性；另一方面也可以评价产品所能引起人们的反应、接受度、偏好度等。虽然目前已经拥有非常先进和灵敏的分析仪器，但没有任何设备可以代替人的大脑与感觉器官对食品中风味的分析。因此，感官评价应用越来越广泛，成为食品工业中必不可少的质量检验手段。

随着生活水平的提高，人们对食品品质的要求越来越高。食用菌的感官评价可以为企业进行品种培育、质量控制、分级和相关新产品开发等提供信息，降低了生产过程中的风险。对于食用菌风味的感官评价主要包括外观、香味、口感、后味、质地五个方面。

当前常用的感官评价方法有差别检验、描述分析、情感测试三大类。在这三大类评定方法内，又包括很多子类评定方法。差别检验包括成对比较检验、三点检验、"A"—"非 A"检验等。描述分析中有风味剖面、定量描述分析、质地剖面等，情感测试有成对偏爱检验、接受性检验和快感评分检验等。

一、差别检验

差别检测的目的是要求评价员对两个或两个以上的样品，做出是否存在感官差别的判断。差别检验的结果，是以做出不同结论的评价员的数量和检验次数为基础，进行概率统计分析。

（一）成对比较检验

以随机顺序同时出示两个样品给评价员，要求评价员对这两个样品进行比较，判定整个样品或某些特征强度顺序的一种评价方法称为成对比较检验法或两点检验法，其检验可以是单边的，也可以是双边的。双边检验只需要发现两种样品是否存在差别，或者其中一个是否被消费者偏爱。单边检验是希望发现某一指定样品，例如，A 比另一种样品 B 具有较大的强度或者被偏爱。单边检验和双边检验的对比见表 7-4。

表 7-4　单边检验与双边检验对比

感官分析形式	差别成对比较法（属双边实验）	定向成对比较法（属单边实验）
呈送顺序	样品可能以 AA、AB、BA、BB 呈现，次数相同	样品以 AB 或 BA 呈现，概率相同
评价员要求	对评价员只需熟悉感官属性，不需接受属性的专门训练	对评价员要求高
方向性	检验是双边的	检验是单边的
适应范围	两个样品没有指定可能存在差别的方面	两个样品只在单一的所指定的感官方面有所不同

成对比较检验常用于食品的风味检验，根据实验目的决定采用单边检验或双边检验对样品进行评价。如只关心两个样品是否相同，则用双边检验；如具体知道样品的特性，如哪个更好，更受欢迎，则用单边检验。

其具体实验方法为：把 A、B 两个样品同时呈送给评价员，要求评价员根据要求进行鉴评。在试验中应使样品 A、B 和 B、A 这两种次序出现的次数相等，样品编码可以随机选取三位数字组成，而且每个评价员之间的样品编码尽量不重复。

（二）三点检验

三点检验是一种感官评价常用的方法，用于两种产品之间的差异分析。在检验中，同时提供一组三个编码样品，其中两个完全相同，另外一个样品与其他两个样品不同，要求评价员挑选出其中不同于其他两个的样品，并利用数理统计手段，对食品的感官质量进行全面综合评价的方法。该法实用性强，灵敏度高，结果可靠，能够确定两种产品之间是否存在整体差异。

举例：检验两个品牌的香菇酱（分别取待检样品 A 和 B，各三瓶）。

（1）检验容器。一次性水杯，要求清洁、干燥；标签纸。

（2）感官评价员。18 个品评人员参加检验，此前都参加过感官评价培训。评价员在开始评价前 30 min 要洁口，不吃味道浓厚或刺激性的食品：禁止吸烟和食用零食（包括咖啡）；不应将任何外来气味带入评价活动中，如烟草味、化妆品的气味等，这些气味会影响其他评价员。品尝每个样品前需使用纯净水漱口。在评价完一个样品后需间隔 10 min 后再评价下一个样品。

（3）实验设计。因为试验目的是检验两种产品之间的差异，所以我们将 a 值设为 5%。

（4）被检样品的准备（编号）。查随机数表，先获取所需的三位随机数，每个样品准备 3 个编号，填入表 7-5 中。提供足够量的样品 A 和 B，每 3 个检验样品为一组，按下述六种组合：ABB、AAB、ABA、BAA、BBA、BAB，从实验室样品中制备18个样品组，共54个，并按照表7-5在容器上对应标好号。

表7-5 样品准备表

班级：		组别：第　组	
样品类别：香菇酱		试验类型：三点检验	

样品情况	样品代码	样品名称	样品编号
	A	仲景	397，259，934
	B	李锦记	412，294，862

评价员号	代表类型	号码顺序
01	ABB	397、412、294
02	AAB	259、934、412
03	ABA	259、862、934
04	BAA	862、259、934
05	BBA	412、294、397
06	BAB	412、397、294
07	ABB	397、412、294
08	AAB	259、934、412
09	ABA	259、862、934
10	BAA	862、259、934
11	BBA	412、294、397
12	BAB	412、397、294
13	ABB	397、412、294
14	AAB	259、934、412
15	ABA	397、412、259
16	BAA	412、259、397
17	BBA	294、862、934
18	BAB	862、934、294

（5）品评检验将按照样品准备表上的组合并标记好的样品连同评价单（见图7-20）一起呈送给评价员。每个评价员每次得到一组3个样品，从左到右依次品评，并填好问答表。在评价同一组3个被检样品时，评价员对每种被检样品可重复检验。

三点检验

姓名：　　　　　　　　日期：

试验指令：
在你面前有3个带有编号的样品，其中有两个是一样的，而另一个和其他两个不同。请从左到右依次品尝3个样品，然后在与其他两个样品不同的那一个样品的编号上画圈。你可以多次品尝，但不能没有答案。

图7-20 三点检验评价单

（6）结果分析将各评价员正确选择的人数（x）计算出来，然后根据三点检验正确响应临界值表（见表7－6）查出临界值x_α，比较x和x_α的大小，从而判断两种产品是否存在显著性差异，如果$x > x_\alpha$，则说明两个产品有明显差异。

表7－6 三点检验正确响应临界值表

答案数目/n	显著水平			答案数目/n	显著水平			答案数目/n	显著水平		
	5%	1%	0.10%		5%	1%	0.10%		5%	1%	0.10%
4	4	–	–	33	17	18	21	63	28	31	33
5	4	5	–	34	17	19	21	63	29	31	34
6	5	6	–	35	17	19	22	64	29	32	34
7	5	6	7	36	18	20	22	65	30	32	35
8	6	7	8	37	18	20	22	66	30	32	35
9	6	7	8	38	19	21	23	67	30	33	36
10	7	8	9	39	19	21	23	68	31	33	36
11	7	8	10	40	19	21	24	69	31	34	36
12	8	9	10	41	20	21	24	70	32	34	37
13	8	9	10	42	20	22	25	71	32	34	37
14	9	10	11	42	21	23	25	72	32	35	38
15	9	10	12	44	21	23	25	73	33	35	38
16	9	11	12	45	22	24	26	74	33	36	39
17	10	11	13	46	22	24	26	75	34	36	39
18	11	12	13	47	23	24	27	76	34	36	39
19	11	12	14	48	23	25	27	77	34	37	40
20	11	13	14	49	23	25	28	78	35	37	40
21	12	13	15	50	24	26	28	79	35	38	41
22	12	14	16	51	24	26	29	80	35	38	41
23	12	15	16	52	24	27	29	82	36	39	42
24	14	16	18	53	25	27	29	84	37	40	43
25	15	16	18	54	25	27	30	86	38	40	44
26	15	17	19	55	26	28	30	88	38	41	44
27	15	17	19	56	26	28	31	90	39	42	45
28	16	18	20	57	26	29	31	92	40	43	46
29	15	16	18	58	27	29	32	94	41	44	47
30	15	17	19	59	27	29	32	96	42	44	48
31	15	17	19	60	28	30	33	98	42	45	49
32	16	18	20	61	28	30	33	100	43	46	49

（三）"A" — "非A"检验

在感官评定人员熟悉样品"A"以后，再将一系列样品呈送给这些评价人员，样品中有"A"，也有"非A"。要求评价人员对每个样品做出判断，哪些是"A"，哪些是"非

A"。这种方法被称为"A"—"非A"检验。

1. 方法适用条件

该方法本质上是一种顺序成对差别检验或简单差别检验。当样品的颜色、形状或大小与研究目的不相关时，经常采取"A"—"非A"检验。样品在颜色、形状或大小上的差别必须非常微小，如果差别不是很微小，评价人员很可能将其记住，并根据这些外部的差异做出他们的判断。

2. 对试验实施人员的要求

提供评价人员第一个样品，要求评价，然后撤掉该样品，提供第二个样品，要求评价人员指明这两个样品感觉上是相同还是不同。"A"—"非A"检验有4种呈送顺序（AA、BB、AB、BA）。这些顺序应在评价人员间交叉随机化，每种顺序出现的次数应该相同。

3. 对评价人员的要求

评价人员没有机会同时评价样品，他们必须在内心比较这两个样品，并判断它们是相似还是不同。因此，评价人员必须经过训练，以理解评分单所描述的任务，但不需要接受特定感官方面的评价培训。评价人员在检验开始前也要经常通过明确认为是"A"和"非A"的样品进行训练。

4. 检验步骤

（1）检验前准备。检验评价前应让评价员对样品"A"有清晰的体验，并能识别它。

（2）分发样品。随机向评价员分发样品，分给每个评价员的样品"A"或样品"非A"的数目应相同。

（3）检验技术。要求评价员在限定时间内将系列样品按顺序识别为"A"或"非A"，完成检验。

（4）评价记录。检验完毕，评价员将自己识别的结果记录在回答表格中。

（5）结果处理。卡方检验。

二、描述分析

描述分析是由一组合格的感官评价人员对产品提供定性、定量描述的感官检验方法。它是一种全面的感官评价方法，所有的感官（视觉、听觉、嗅觉、味觉等）都参与描述活动。描述分析可适用于一个样品或多个样品，可以同时定性和定量地评价一个或多个感官指标。描述分析可以对产品提供完整的定性和定量特征描述。定性方面的性质就是该产品的所有特征性质，包括外观、气味、风味、质构和其他有别于其他产品的性质。定量分析从强度或程度上对该性质进行说明。两个样品可能含有性质相同的感官特性，但在强度上可能有所不同。描述分析主要有风味剖面法（定性）、定量描述分析法、质地剖面法、自由选择剖析法等，此处对前两种方法进行介绍。

（一）风味剖面法

风味剖面法是对产品的风味和风味特性包括感知到的风味、风味强度，感知到的顺序、风味的余味（吞咽后留在腭上的一种或两种风味印象）等用词汇或印象进行描述的方法。

风味剖面法采用6名经过筛选并合格的评价员组成评价小组，他们先各自评价产品，然后在公开环节中对此进行讨论。一旦他们就产品描述达成一致，小组领导就可以将结果汇总到报告中。这种方法对产品开发技术人员的最大好处就是产生报告结果的速度非常快。

培训对象的筛选是基于面试和一系列的广泛筛选，包括感觉敏锐度、对产品评价的兴趣、态度以及能否出席评价等。其中一些要求是与大多数描述性评价方法相同的通用办法，通常来说，人们在筛选评价员的方法上没有太大差异。在实践中，感觉敏感度测试仅局限于对基本的味觉和香气的敏感性，但这些技能与产品评价的相关性极小。尽管如此，它们在敏锐度方面提供了某种形式的个体差异。

在风味剖面法中，这个数据库是和态度方面的信息结合在一起的，并据此挑选出进行下一步培训的6名评价员，培训的内容包括了感觉方面的指导性信息以及对选定产品进行评估的直接经验。

这个方法的关键人物就是评价小组的领导，他承担了评价的协调工作，参与讨论、样品的准备和结果的报告。小组领导个人发挥着领导的角色，他指导小组中的对话并且基于结果得出大家一致同意的结论。如果没有一些独立的约束控制，小组领导将会对评价产生显著影响。评价员可能在不知不觉中就同意了结论。此外，6名评价员轮流作为小组的领导，将会对评价结果产生进一步的影响。尽管如此，作为一种感官测试，这种方法具有相当大的吸引力。因为一旦完成评价员的资质培训（大约14周），很快就能获得结果。评价员以小组形式聚集到一起，评价产品的时间大约持续1小时，就其风味特征达成一致，然后提供给委托人一份结果。发明该方法的专家强调，基于评价小组专业的评判使该方法的结果可靠，同时避免了数据分析的必要性。

（二）定量描述分析法

定量描述分析（quantitative descriptive analysis，QDA）为一种描述性分析测定方法，是由 Tragon 公司在20世纪70年代提出的。定量描述分析由10～12人组成的评价小组，对一个产品能被感知到的所有感官特性、强度、出现顺序、余味和滞留度以及综合印象等进行描述。描述结果通过统计分析得到结论。目前，定量描述分析技术已经广泛应用于食品感官评价。

不同于风味剖面法，定量描述分析是一种独立方法，数据不是通过一致性谈论而产生的。评价小组意见不需要达到一致，评价员可在小组内讨论产品特征，然后单独记录他们的感受。此方法不受评价小组组长和感官数据处理分析人员的干扰与指导，他们在感官分析过程中只起组织协调的作用。

定量描述分析的主要过程如下。

（1）评价员筛选。正式实验前，要通过味觉、味觉强度、嗅觉区别和描述等实验对品评人员进行筛选，并通过面试确定评价员的兴趣、参加时间以及是否适合进行品评小组评价这种集体工作。

（2）培训。对筛选出的评价员进行培训，主要为描述词汇表的建立和熟悉。首先召集所有评价员对样品进行描述词汇汇总；然后分组讨论，对描述词进行修订，并给出定义；最终形成一份大家认可的带定义的描述词汇表。如样品已有固定的描述词汇表，只需要评价员对描述词和定义进行熟悉即可。

（3）正式实验。评价员单独评价样品，对样品每项性质（每个描述词汇）进行打分。使用标度通常为 15 cm 的直线，起点和终点分别处于距离直线两端 1.5 cm 处，评价员需在直线上代表该项性质强度位置处进行标记，实验重复三次以上。

（4）结果分析。收集评价员的评价结果，将结果转化为数值输入计算机。对结果进行方差分析，得到数据图，如蜘蛛网图、折线图、棒状图等。

定量描述分析法也应用于食用菌类产品的感官评价，如孙连海❶采用定量描述分析法对三种市售香菇酱进行了感官评价，并绘制出了此三种香菇酱的蜘蛛网图（见图 7-21），结果表明，此方法能区别三种香菇酱的感官特性，适用于香菇酱的感官品质评价。

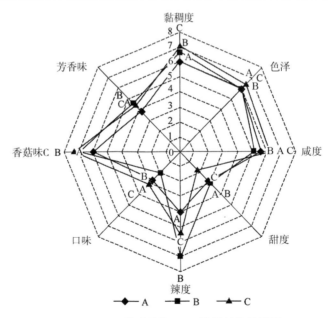

图 7-21　三种香菇酱 QDA 数据的蜘蛛网图

---

❶ 孙连海. 定量描述分析法（QDA）在香菇酱感官评定中的应用 [J]. 食用菌, 2017, 39（1）：60-62.

三、情感测试

情感测试的主要目的是比较不同样品间感官特性的差异性以及消费者对样品的喜好程度的差异，情感测试可分为偏爱测试和接受性测试两大类。偏爱测试要求评价员在多个样品中选出喜好的样品或对样品进行评分，比较样品的优劣；接受性测试要求评价员在一个标度上评估他们对产品的喜爱程度，并不一定要与其他产品进行比较。根据检验目的不同，可在两类测试中进行选择：如果是为了设计某种产品的竞争产品，则选用偏爱试验；如果是为了确定消费者对某种产品的情感状态，即消费者对产品的喜爱程度，应使用接受性试验。偏爱测试主要有成对偏爱检验法、偏爱排序检验法和分类检验法等；接受性测试主要有接受性检验、快感评分检验等。

（一）成对偏爱检验

评价员比较两个产品，指出更喜欢哪个样品的方法就是成对偏爱检验。该项检验具有相当程度的直觉性，对评价人员要求较低。

在成对偏爱检验中，评价员会同时获得两个被编码的样品，要求评价员选择更偏爱的样品。通常要求评价员必须做出选择，但有时为了获取更多信息，则会增加"无偏爱"的选项。在结果分析时，无偏爱选项有三种处理方式：直接扣除选择"无偏爱"评价员的数据；将"无偏爱"的选择各取一半，分别加入两个样品的结果中；将"无偏爱"选择按比例分配到相应的样品中。

（二）接受性检验

接受性检验是感官检验中一种很重要的方法，主要用于检测消费者对产品的接受程度。通过接受性检验获得的信息可直接作为企业经营决策的重要依据，比其他消费者检验提供更加直观的信息。因此，在新产品研究开发过程的不同阶段，经常要对开发出的产品进行接受性检验。

接受性检验根据实验进行的场所不同，分为实验室场所、集中场所和家庭情景三种类型。不同类型接受性检验之间的主要区别是：检验程序、控制流程和检验环境不同。对食品进行接受性检验时，通常采用9点快感标度进行评价（见图7-22）。

非常不喜欢	很不喜欢	不喜欢	不太喜欢	一般	稍喜欢	喜欢	很喜欢	非常喜欢

图7-22　9点快感标度

举例：食用菌极易腐败，在储藏过程中易发生水分流失和褐变。颜色是产品接受的一个基本方面，也是消费者观察的主要特征之一。为了了解消费者对不同储藏温度下的蘑菇的颜色是否可接受，应用快感标度对不同储藏温度下香菇颜色的接受度进行检验。

样品准备：在市场上购买新鲜香菇，挑选无破损香菇，使用自来水清洗，并用200 mg/mL氯水浸泡10 min消毒。使用清水清洗并去除表面水，包装。分别储藏于7℃、10℃、15℃的环境下，在储藏0、5、10、15天时，进行感官评定。

感官评定：选取20位评价员成立评价小组，对香菇颜色接受度进行评价。采用9点快感标度进行评分。"0"代表非常不喜欢，"9"代表非常喜欢，6为消费者可接受的界限值。

数据处理：根据评价员的结果计算每个样品平均得分。绘制曲线图见图7-23，结果表明，低温储藏可以延长香菇的货架期，并且保持较高的接受度。

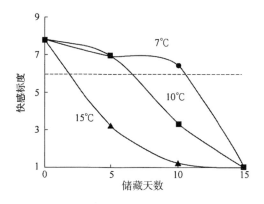

图7-23 不同储藏温度下香菇颜色的接受度

（三）快感评分检验

快感评分检验法是评价员将样品的品质特性以特定标度的形式进行评价的一种方法。采用的标度形式可以是9点快感标度、7点快感标度或5点快感标度。标度的类型可根据评价员的类型来灵活运用，有经验的评价员可采用较复杂或评价指标较细的标度，如9点快感标度；如果评价员是没有经验的普通消费者，则尽量选择区分度大一些的评价标度，如5点快感标度。标度也可以采用线性标度，然后将线性标度转换为评分。在给评价员准备评分表时要明确采用标度的类型，使评价员对标度上点的具体含义有相同或相近的理解，以便检验的结果能够反映产品真实感官质量上的差异，见表7-7为快感评分检验法评分表。

评分检验法可同时评价一个或多个产品的一个或多个感官质量指标的强度及其差异。在新产品的研究开发过程中可用这种方法来评价不同配方、不同工艺研发出来的产品质量好坏，也可以对市场上不同企业间的已有产品质量进行比较。该方法可以评价某个或几个质量指标（如食品的甜度、酸度、风味等），也可评价产品整体的质量指标（产品的综合评价、产品的可接受性等）。

表 7 - 7　快感评分检验法评分表

样品：

姓名：　　　　　　　　　　　　　　　　日期：

请在品尝前用清水漱口，在您面前有 3 个数字编码的样品，请您依次品尝，然后对每个样品的总体风味进行评价。评价时按下面的 5 点标度进行（分别是：风味很好，风味好，一般，风味差，风味很差）。在每个编码的样品下写出您的评价结果。

评价的标度：风味很好

　　　　　　风味好

　　　　　　一般

　　　　　　风味差

　　　　　　风味很差

样品编码　　273　　　459　　　837

评价的结果：（　　）　（　　）　（　　）

感谢您的参与

四、现代仿生技术应用于感官评价

（一）电子鼻

电子鼻是模拟哺乳动物的嗅觉系统研制的一种人工嗅觉感受器，可用来分析、识别和检测复杂气味及大多数挥发性成分。电子鼻的研究始于 1982 年。英国 Warwick 大学的 Persaud 和 Dodd 教授用多传感器系统模拟哺乳动物嗅觉系统中的多个嗅感受器细胞，并对几种有机挥发气体进行类别分析。经过 30 多年的研究，电子鼻系统逐步得以完善。

电子鼻与色谱仪等化学分析仪器不同，它获得的不是被测物质气味组分的定性或定量结果，而是物质中挥发性成分的整体信息，即气味的 "指纹数据"。它显示了物质的气味特征，从而实现对物质气味的客观检测、鉴别和分析。电子鼻具有检测速度快、范围广、数据客观可靠和可重复性等优点，在食品感官研究中起着重要作用。它避免了感官评价中主观因素的干扰，提高了检测的精确度。

（二）电子舌

电子舌是模仿哺乳动物特别是人类味觉系统研制的一种仪器，它主要由味觉传感器阵列、信号采集器和模式识别系统三部分组成。味觉传感器阵列相当于哺乳动物的舌头，由数种对味觉灵敏度不同的电极组成。信号采集器就像是神经感觉系统，它采集被激发的电子信号并传输到电脑中。模式识别技术相当于人的大脑，对传输到电脑中的信号进行数据处理和模式识别，最终得到物质的味觉特征。

（三）电子鼻与电子舌集成化

电子鼻中的气敏传感器阵列对检测环境的条件要求十分严格，干扰性气体、温湿度都会影响电子鼻的检测精度。电子舌价格昂贵，且其传感器存在局限性，无法同时对多种类的样品进行详细检测。故而将二者结合使用，可以综合二者的特点并且规避部分缺点，更加准确地检测食品及其原材料。二者的联合应用可以完成许多单仪器无法完成的检测工作。

俄罗斯的研究人员开发出一种将电子鼻与电子舌相结合的新型分析仪器。该仪器测量探头的顶端是多种味觉电极组成的电子舌，而其底端是多种气味传感器组成的电子鼻。该仪器可以把电子鼻与电子舌生成的数据进行融合处理，反映被测产品的气味和味觉特征。

第八章 食用菌深加工的开发技术

第一节 食用菌虫草营养米的开发技术

虫草营养米以碎米和蛹虫草培养残基为主要原料，采用双螺杆挤压技术进行量化重构，经粉碎、混匀、加水调配、挤压造粒、微波干燥、缓苏、冷却分级等工艺，得到能模拟大米外形的高虫草素复合米。虫草营养米的生产利用双螺杆挤压技术，成品的外观完全近似普通大米，营养丰富、口感好、蒸煮食用方便。虫草营养米中含有虫草素，具有增强免疫的功效。虫草营养米的开发，将蛹虫草培养残基变废为宝，实现了资源的重复利用，而且通过食用菌主食化加工，让虫草成为老百姓消费得起的产品。

一、技术路线（见图 8-1）

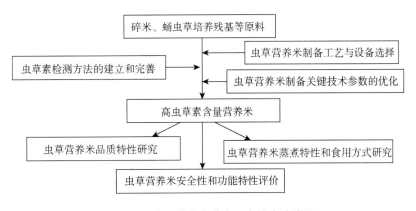

图 8-1 食用菌虫营养米开发技术路线图

二、虫草营养米制备工艺

虫草营养米制备工艺流程如下：

蛹虫草培养基等原料→粉碎→全粉
↓

碎米原料→除杂→磁选→粉碎→称量→混合、调质→双螺杆挤压→成型→冷却→微波干燥→冷却→分级→磁选→包装（高虫草素含量复合米）

碎米原料经除杂、磁选、粉碎、称量后送入搅拌机，按配方要求加入蛹虫草培养基粉及适量水分（根据需要加入或不加入相关食品添加剂），在搅拌机内充分混匀，送入双螺杆挤压机。在挤压机内，物料受到高强度的剪切、挤压和一定温度的作用下呈熔融状态，高压下从机头模孔处挤出，被切刀切成米粒的形状。米粒一边被冷却分散，一边进入第一个凉米器中进行初步冷却，进入微波干燥机中干燥。进入第二个凉米器中进行再次冷却，经分级筛分级，包装后即为成品。

在该工艺过程中，必须控制各关键点的工艺参数，具体包括以下几个方面。

（一）原料成分特性

虫草营养米的制备原理是利用淀粉糊化和胶化特性，而淀粉的糊化和胶化特性又直接影响成品的感官特性。不同物料，其淀粉的特性、含量不同，具有不同的糊化特性。因此，当采用碎米与其他原料搭配时，会对工艺参数产生一定程度的影响。

（二）原料粒度

原料过粗，不仅不利于造粒，还会使米粒表面和口感粗糙；但原料过细，则容易造成能源浪费。因为粉碎原料需要耗费能源和增加机器的磨损，从而增加成本，通常情况下，原料粒度以 80～100 目为宜。

（三）原料水分含量

原料水分对产品的糊化度（α 化度）有重要影响。一般而言，在一定范围内，随着原料含水量的提高，糊化度呈先升后降的趋势。同时，水分含量对机头压力也有影响，水分含量越高，压力越低，反之越高。不同的原料，水分含量要求也不一样。通常情况下，混合物料的水分含量控制在 25%～33% 之间。

（四）挤压制粒工艺

首先，是各段温度的控制。因为温度对糊化度有直接影响，温度越高，糊化度越高。在本研究中，以大米原料适度糊化为宜，一般情况下，前端和末端温度为 60～75℃，Ⅱ区以不超过100℃为宜。其次，主螺杆转速及喂料螺杆转速也影响糊化度，转速越大，糊化度越低。因此，转速应该与温度相协调，一般主轴频率为 38～50 Hz。再次，模头开孔数也是影响糊化度的因素。一般是孔数越多，物料在机内停留时间越短，糊化度越低，所以，合适的模孔数也很重要，一般开孔数为 24～48 个。最后，切刀转速将影响米粒的形状，必须控制好切刀转速，并与主机转速配合，得到合适的米粒形状，一般为 700 r/min 左右。

物料在挤压过程中依次通过不同温度的三个加工阶段：第一阶段为物料预热阶段，温度控制在 60℃ 左右；第二阶段为物料挤压阶段，依物料不同，将温度控制在 95～125℃；第三阶段为物料熟化阶段，温度控制在 60～75℃。在挤压的三个阶段通过加热或水冷却的方式进行调控温度，满足挤压工艺的特定要求，依碎米及蛹虫草培养基粉配比的不同，将改进后的工艺糊化度控制在 80% 以上，以便保证产品质量。

（五）干燥工艺

刚剪切成型的产品含水量为 30% 左右，要将其干燥至含水 13% 左右，即失水 17% 左右，需要较长时间，所以采用微波烘干的方式。微波加热与传统加热方式完全不同，它是内加热的方式，效率更高。因此，尽管原料是热传导性较差的物料，也可以在极短时间内达到加热温度。

三、虫草营养米中虫草素的检测方法

采用反相高效液相色谱法，固定相是十八烷基键合相硅胶，流动相是水 . 乙腈（95∶5，体积分数），检测波长 260 nm，流速 1.0 mL/min。分析得到虫草素在 1.0～50.0 μg/mL 范围内线性良好（$r = 0.999\ 6$），加标回收率分别为 109.9%、108.9%、105.6%、104.5%、103.2%，RSD 为 2.38%；精密度 RSD 为 0.76%；重现性 RSD 为 1.46%，该法前处理过程简便，分析时间短，结果准确，重现性好，适合蛹虫草培养基和虫草营养米中虫草素含量测定。由一定比例的蛹虫草培养基与原料通过双螺旋挤压技术制得的虫草营养米中的虫草素较为稳定，经检测比较，蛹虫草培养残基中虫草素的含量达到 0.566 g/kg（虫草营养米含 20% 的蛹虫草培养基）。

四、虫草营养米的关键技术参数及品质特性

（一）虫草营养米的关键技术参数

参考国内外复合米的研究资料，确定了虫草营养米在制备过程中，影响产品品质的主要因素有蛹虫草培养基的添加量、原料水分、套筒温度和挤压机螺杆转速。

1. 蛹虫草培养基的添加量

虫草培养基的含量关系到营养米中虫草素的含量，通过双螺杆挤压后虫草素的含量损失极少，可以忽略。但虫草培养基的添加量对营养米的糊化程度非常重要，因此，以营养米的糊化度作为考核指标对虫草培养基的添加量进行选择。当虫草培养基含量为 20%～25% 时，糊化呈上升趋势；当其含量为 25%～30% 时，糊化度下降；当其含量为 30%～

35% 时，糊化度随虫草培养基含量的增加而升高，而当虫草培养基含量为 30% 时，糊化度最低。虫草营养米以糊化度为标准，糊化度越低越好。因此，30% 的虫草培养基添加量为最佳添加量。

2. 原料水分

以复合米的糊化度作为目标值对原料水分进行选择。当水分含量在 35%~40% 时，糊化度随水分含量增加而下降；当水分含量为 40%~50% 时，糊化度随水分增加而降低；在 50%~55% 时，糊化度随水分含量增加而升高。其中，水分含量为 50% 时，糊化度最低。因此，50% 为最佳的原料水分含量。

3. 套筒温度

双螺杆挤压机主要分为三区，主要考虑第 II 区挤压区不同温度对虫草营养米的成型影响。挤压室温度越高，糊化度越高。反之，糊化度越低。本工艺对原料进行限制性糊化，保证营养米具有良好的蒸煮性能和感官品质。当套筒温度为 70~80℃ 时，糊化度随温度升高而升高；当温度在 80~90℃ 时，糊化度随温度升高而降低；在 90~110℃ 时，糊化度随温度升高而升高。其中温度为 90℃ 时，糊化度最低。因此，90℃ 为最佳的套筒温度。

4. 挤压机螺杆转速

螺杆转速也影响糊化度，转速越大，物料在机内停留的时间就越短，糊化度越低。以营养米的糊化度作为目标值对螺杆转速进行选择。当螺杆转速为 300 r/min 时，糊化度最低，因此 300 r/min 为螺杆的最佳转速。

（二）虫草营养米的品质特性

虫草营养米含淀粉 76.8 g/100 g，蛋白质 10.10 g/100 g，脂肪 3.0 g/100 g，虫草素 0.566 g/kg。快速黏度仪测得虫草营养米的冷峰值、峰值黏度、保持黏度、崩解值、最终黏度和回生值低于粳米，其峰值时间则高于粳米，即虫草营养米较粳米具有良好的热糊稳定性和冷糊稳定性。差示扫描量热仪测得虫草营养米的起始温度、峰值温度高于粳米，热焓值低于粳米。通过扫描电镜观察虫草营养米的微观结构，发现经过挤压后产品中淀粉颗粒明显减少，甚至观察不到明显的颗粒状物质，说明淀粉明显糊化，虫草营养米相对于 100% 挤压碎米的内部结构更均匀，含有一定量的孔洞，说明只发生了部分膨化，较低的糊化度能确保产品口感与普通大米接近。

五、虫草营养米的生产设备

虫草营养米生产线主要包括自动化控制系统、双螺杆挤压制粒机和微波烘干机。

（一）自动化控制系统

该控制系统具有以下功能。

（1）实现计算机自动配料，并具有手动配料功能。现场手动、自动控制方式可相互切换，系统在不同的操作环境下选用合适的操作方式，转换方便、灵活。配料电子秤采用间歇式电脑控制系统，操作简单，维护方便，可以根据配方要求进行配料混合，以满足多种食品的生产要求。

（2）配料秤的称量精度：动态误差≤0.3%，静态误差≤0.1%，现场环境要求机械设备运行良好，振动小。

（3）配料秤量程为 10~2 000 kg，数量为一台（不含秤斗）。

（4）系统能实现配料、混合过程的自动控制。

（5）计算机采用专业工控机，保证系统控制可靠，稳定，抗干扰能力强。

（6）系统具有断电保护、生产过程自动监控功能，断电后自动恢复生产的能力。

（7）系统具有生产故障、超值超限声光报警功能。

（8）对生产过程中产生的数据具有记录和报表打印统计功能。

（9）配方管理功能。配料生产过程中通过配方管理自由地控制不同状态的生产过程，从而提高工作效率。在配方管理中可实现配方选取、修改和查询等功能。

（10）根据工艺的要求，实现电子秤、混合机电气联锁控制，可按工艺要求提供人工添加料提示信号；可按工艺要求由操作员逆料流启动设备、顺料流停止设备。

（11）工艺模拟屏直观显示生产工艺流程及生产设备工作状态，包括设备启停，故障报警。

（12）可实现着水过程互锁控制和原料计量控制。

（13）可对料仓的料位进行显示。

（14）系统具有原料管理功能，可存储、修改和新增原料品种。

（15）冷却系统实行冷却自动控制。

（二）双螺杆挤压制粒机

双螺杆挤压制粒机主要由料斗、机筒、两根啮合的螺杆、模板、旋切装置、传动装置等构成，其工作过程是物料从喂料口进入机筒后，物料在套筒内腔受螺杆的旋转作用，产生高压区和低压区，物料将沿着两个方向由高压区向低压区流动，然后经输送、剪切、混合和加热，Ⅱ区温度可达到180℃，压力达到 3~8 MPa。

该挤压机具有以下特点：①转速较高并且在啮合区不同位置处有较接近的相对运动速度，因此可以产生强烈、均匀的剪切；②几何形状决定了其纵向流道必定开放，使两螺杆之间产生物料交换；③同向旋转的双螺杆在啮合处，螺纹和螺槽的旋转方向相反，相对速度很大，产生的剪切力也大，更有助于黏附物料的剥离，具有良好的自洁功能。

在挤压机内，物料发生了一系列复杂的物理和化学反应，这些反应受很多因素的影响。根据挤压食品的加工生产经验，影响物料熔融、糊化及成型的因素主要有以下几个。

1. 螺杆

螺杆是挤压机最重要的部件，它不仅决定物料的熟化和糊化程度，而且决定最终成品的质量。不同的螺杆有不同的挤压功能，螺杆的挤压功能，取决于螺杆的设计参数。

经过重复实验表明，预糊化挤压米专用挤压设备螺杆设计参数确定为：螺纹截面形状为梯形齿形，螺杆直径 70 mm，长径比（L/D）为 20，螺距为 20 ~ 45 mm，螺槽宽度为 12 ~ 36 mm，螺棱宽度 e 为 5mm，螺槽高度 H 为 8 mm，升角为 30°，螺棱顶与螺槽间隙为 1 mm。

2. 均压板和模头

由于螺旋存在着一个升角 θ，所以，被推出的物料在螺杆端头出口处沿圆周形成压力、流速与螺杆转速同步的周期脉动变化，均压板和成型段的作用是建立一个均压区使物料稳定均匀地通过模头，使挤出的产品成为所需的形状，并保持均匀一致。

模头的特性主要有模孔的直径、形状、数量及模孔的有效长度，通常物料在模头处受到的挤压力较小时，可抑制物料的膨化。模孔板上每个孔的大小尺寸误差和形状误差都要控制得尽量小，这样才能保证每个孔的流动阻力相差不大，有些形状特殊的、复杂的孔还要通过设计时反复试算和大量试验才能确定。

3. 温控系统

不同挤压区域物料的温度，对产品的糊化度和挤出成型效果有很大影响，因此必须对三个挤压区域的温度进行不同程度的调控。限制性糊化挤压米挤压成型机采用的是远红外线加热圈对机筒内的三个挤压区实施加热，该温控系统属于数显、双限自动调温式、热关断型温控制置，能将 0 ~ 800℃ 范围内温度有效地控制在预置区间。

（三）微波烘干机

1. 微波系统主要技术参数

（1）微波工作频率：（2 450 ± 50）MHz。

（2）微波输出功率：12 kW（功率分段可调）。

（3）微波馈入部位：顶部馈入。

（4）微波馈入驻波比：小于 2（额定负载下）。

（5）微波系统冷却方式：磁控管（水冷）、变压器（风冷）。

（6）磁控管使用寿命：≥6 000 h。

2. 微波烘干机的优点

（1）微波加热与传统加热方式完全不同。它是使被加热物料本身成为发热体，不需要热传导的过程。因此，尽管是热传导性较差的物料，也可以在极短时间内达到需要的温度。

（2）无论物体各部位形状如何，微波加热均可使物体表里同时均匀渗透电磁波而产生热能。所以，加热均匀性好，不会出现外焦内生的现象。

（3）由于含有水分的物质容易吸收微波而发热，因此除少量传输损耗外，几乎无其他损耗，故热效率高、节能，它比红外加热节能 1/3 以上。

（4）只要控制微波功率即可立即加热和终止。应用人机界面和 PLC 可进行加热过程和加热工艺规范的可编程自动化控制。

（5）由于微波能是控制在金属制成的加热室内和波导管中工作，所以微波泄漏极少，没有放射线危害及有害气体排放，不产生余热和粉尘污染，既不污染食物，也不污染环境。

第二节 食用菌菇精调味料的开发

香菇柄占香菇干重的 20%~30%，因粗韧难嚼，吞咽困难，所以为了保证香菇的质量和满足出口要求，必须将其除去。据不完全统计，仅湖北省，每年香菇加工中产生 2 万吨左右的菇柄，绝大部分都被废弃，这造成了极大的资源浪费。香菇柄中含有大量营养活性成分，其中以膳食纤维和香菇多糖活性最为突出。实际上，香菇柄中风味成分的含量也十分丰富，但是由于纤维类物质的包裹，菇柄的风味成分很难释放，其鲜香之味远不如香菇菇盖风味浓郁醇厚。利用生物酶解和超微破壁技术，使菇柄风味成分高效释放，并通过混料配方设计和冷杀菌工艺，将低值的香菇柄开发为高附加值的功能型调味品。对于调整食用菌产品结构，推动食用菌产业升级具有重要意义。

一、技术路线（见图 8 - 2）

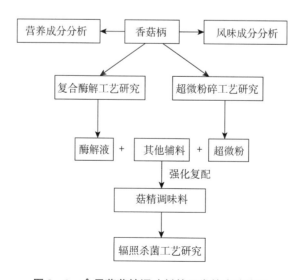

图 8 - 2　食用菌菇精调味料的开发技术路线图

二、香菇柄基本成分

（一）基本营养成分

香菇柄含有较为丰富的营养成分，蛋白质含量为 18.80%，碳水化合物含量高达 59.61%，油脂和灰分含量较少，不足 5%，水分含量为 7.95%，粗纤维含量为 7.80%。香菇柄中游离氨基酸的种类丰富，其中含量较多的有谷氨酸、丙氨酸、鸟氨酸。菇柄中钾（K）含量十分丰富，而钠（Na）含量较低。香菇柄中的重金属含量均在国家标准限量之下。

（二）风味成分

香菇柄中呈味核苷酸含量为 1.41%，主要是 5′-鸟苷酸（5′-GMP）。5′-GMP 呈现肉的鲜味，且其增鲜效果高于谷氨酸钠。氨基酸类鲜味物质含量在阈值以下时其鲜味是潜在性的，只要添加少量 5′-核苷酸，就能使其提到阈值以上，发挥其增鲜效果。核苷酸对谷氨酸钠的鲜味有增强作用。食用菌中香菇的鲜味物质呈鲜性最强，正是因为其所含呈味核苷酸和谷氨酸较多。香菇的特征性风味成分包括 1-辛烯-3 醇和 1，2，4-三硫杂环戊烷、二甲基二硫醚、二甲基三硫醚等含硫化合物。含硫化合物是香菇风味最重要的组成成分，通常会影响菇柄整体香气的挥发。其中 1，2，4-三硫杂环戊烷被认为是主要的风味化合物，其是由前体物质香菇酸在谷氨酰胺转肽酶的作用下产生二硫杂环丙烷中间体聚合而成。二甲基二硫醚、二甲基三硫醚均具有鲜洋葱的气味，它是由香菇精的 CH_2—S 键的断裂降解而产生的。

三、香菇柄复合酶解工艺

香菇柄中含有丰富的蛋白质、氨基酸、核苷酸等呈味物质，但其蛋白质、氨基酸大多存在细胞内，很难提取，可以通过酶解技术使其得到高效释放。复合酶解工艺是根据食用菌的细胞结构特性，先通过纤维素酶酶解破坏其细胞壁结构，使细胞内的蛋白质、氨基酸等物质得以释放，再通过蛋白酶水解蛋白质使其水解为氨基酸，从而增加产品的氨基酸含量。因此，利用复合酶解法得到的酶解液可保持香菇独特的风味，增加产品的营养价值。

工艺流程如下：香菇柄→粉碎→加水混合→调 pH→加热→加入酶 A 保温酶解→再次调 pH→加入酶 B 保温酶解→灭酶→过滤→低温减压浓缩→冷藏备用。

香菇柄复合酶解的最佳工艺条件为：料液比为 1∶6，酶 A 添加量为 0.2%，最适 pH 为 4.5，温度 55℃，酶解 2 h，然后调 pH 至 6.5，加入酶 B 0.1%，温度 50℃，酶解 4 h。此条件下，总氨基酸释放率为 2.16%，呈味核苷酸释放率为 1.64%，多糖溶出率为 7.18%。复合酶通过搭配使用，不仅可以提高酶解液中氨基酸等呈味物质的含量，而且改善了产品的感官风味，突出蛋白水解物自然的特征味，且易与其他呈味成分配伍，赋予食品多层次、圆润味道的特点。菇柄酶解之后仍有大量残渣产生，尚需寻求另一种香菇柄高效破壁技术与之协同使用。

四、香菇柄超微粉碎工艺

超微粉碎技术作为一种新型粉碎加工技术广泛应用于农产品的产后处理及深加工。研究表明，当超微粉粒径降到 10 μm 以下时就达到了细胞破壁的要求，品质及加工性能得到显著改善，强化了功能性成分的溶出，提高了吸收利用率。对香菇柄进行超微粉碎加工处理，可以改善菇柄的食用品质，保证其营养和功能成分的充分发挥。目前，应用比较多的超微粉碎装置主要有对喷式气流粉碎装置和机械碾轧式超微粉碎装置。

（一）对喷式气流粉碎装置

对喷式气流粉碎机的工作原理是粗粉进料后，在粉碎区中心与高速气流汇聚，受到对撞冲击而使颗粒粉碎，颗粒粉碎粒度达到分级轮工作要求，被分离到出料区。气流超微粉碎适合超微粒径 D_{50} 低于 10 μm 的粉碎要求。当分级机转速达 2 400 r/min，加料速度达 12 kg/h 时，对喷式气流粉碎装置可达到最优粉碎状态，其装置示意图见图 8-3。

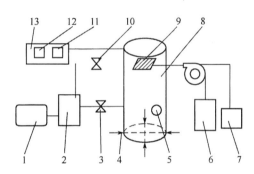

图 8-3　对喷式气流粉碎装置示意图

1—空气压缩机；2—空气冻干机；3—气阀；4—高速气流喷嘴；5—电磁加料器；6—物料收集室；7—引风机；
8—粉碎室；9—分级轮；10—脉冲阀；11—主机变频器；12—电流指示表；13—控制面板

（二）机械碾轧式超微粉碎装置

机械碾轧超微粉碎机的工作原理是通过碾轮的反复碾轧使物料达到需要的细度，通过风机的旋风分离，达到收集超微粉的目的。设备的工作压力出厂已设定无须调整，工艺的主要操作参数为主机频率、风机频率和加料速度。当主机频率为 44 Hz，风机频率为 42 Hz，加料速度为 5 kg/h 时，机械碾轧超微粉碎装置可达到最优粉碎状态，其装置示意图见图 8-4。

从粉碎效果来看，两种超微粉碎方式均可以有效地实现香菇柄的细胞级粉碎，粒径 D_{50} 均小于 10 μm，多糖溶出率较超微粉碎前均提高了 1 倍多，呈味核苷酸和氨基酸含量也有显著提高，但是机械粉碎微粉的挥发性香味成分总体略有增加，而气流粉碎微粉的香味成分却损失较多。在逼近粉碎粒径下限的过程中，气流粉碎设备的产能下降较快；在满足 10 μm 级粉碎要求的条件下，气流粉碎设备的分级精度较高，但出品率较低，能耗是碾轧粉碎设备的 4.43 倍，处理时间的优势并不明显。总体来看，机械碾轧式粉碎更适合香菇柄的规模化超微处理。

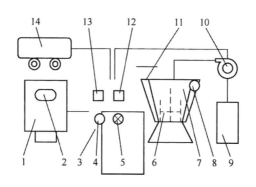

图 8 – 4　机械碾轧式超微粉碎装置示意图

1—冷水循环系统；2—温控仪；3—控制面板；4—气压阀；5—紧急制动阀；6—碾轮；

7—粉碎室；8—电磁加料器；9—物料收集系统；10—风机；11—冷却水夹层；

12—风机变频器；13—主机变频器；14—空压机

五、菇精调味料生产工艺

菇精调味料的研制借鉴了鸡精的生产工艺，在充分利用香菇柄呈味成分及功能成分的基础上，还需添加其他辅料增强产品的风味。菇精调味料以香菇柄超微粉、香菇柄酶解液为体现香菇风味的主要原料，添加食盐、蔗糖、味精、呈味核苷酸二钠（I + G）等调味增鲜辅料以及麦芽糊精、淀粉等黏结剂或载体物，必要时也可加入少量葱姜蒜等天然香辛料来提香（一般含量≤0.5%，否则香辛味过重会影响主体菇香）。

（一）菇精调味料生产工艺

菇精调味料生产工艺如下：

粉碎→混合→制粒→干燥→筛分→包装

1. 粉碎

通常因为盐、糖、味精等原料晶体较粗，一般大于 40 目，不能直接进行生产，必须使用粉碎机使之粉碎成≤80 目的细粉，才能使之均匀地混合在一起，一般生产中可选用 20B-X 型万能粉碎机。

2. 混合

混合的目的是把多种配比的原辅料进行均匀分布，以确保每个批次产品的质量保持一致。往混合腔中按试验设计的配方放入原辅料，先干混几分钟，然后加入相应比例的酶解液，通过犁刀的不停翻转和搅动，把物料充分混匀，一般生产中可选用 CH-200 型槽形混合机。

3. 制粒

菇精制粒一般采用旋转制粒。旋转制粒机的优点是：颗粒呈圆柱形（$\varphi 1.2 \sim 1.8$ mm），外形美观。但是对菇精的配方有着较高的挑剔性。一般情况下含糖量高的配方不太适合旋转制粒机，因为长时间的摩擦容易使糖溶化，从而影响到制粒的连续性。高淀粉和高麦芽糊精的配方也不太适合旋转制粒机，此种类型的配方对筛网的损耗相当大。同时，旋转制粒机制成的颗粒较紧，溶解度稍差。一般生产中可选用 JZL-300 型旋转式制粒机。

4. 干燥

与传统的烘箱、沸腾干燥机等间歇式干燥设备不同，直线型振动流化床干燥机是一种连续性干燥设备，它在 $2 \sim 5$ min 之内便能完成香菇精的干燥。由于干燥的时间缩短，所以它能使香菇精颗粒尽可能地保持设计中的色香味形。一般生产中可选用 ZLG（0.45×6）型振动流化床干燥机。

5. 筛分

当菇精颗粒烘干后，需对烘干颗粒进行筛分，以分离出大小均匀的颗粒作为商品包装。筛分机选择三出口的振动方筛，此种设备兼有冷却和筛分的功能。根据菇精颗粒大小，选择振动筛网上 10 目下 20 目。如果筛网调节区间大，则成品率提高，反之则下降。小部分不符合要求的块状颗粒或粉末会少量多批地加入混合机中重新混合。一般生产中可选用 FS 0.6×1.5 方形振动筛。

6. 包装

包装可分机械包装和人工包装，通常小规模生产只需要人工包装，也可以先人工包装，等市场反馈信息后，再上畅销包装品种的包装机。

（二）菇精调味料配方

根据菇精调味料行业标准 SB/T 10484—2008《菇精调味料》可知，I + G 含量应 ≥ 1.6%，确定 I + G 添加量为 1.6%，而味精的添加量与 I + G 的添加量有一定的比例，按照鲜味相乘原则，在经济上较合理的比例为 20：1，由此可确定味精添加量为 32%。天然香辛料的添加比例一般不超过 0.5%，确定其比例为 0.4%。而配方中剩余的香菇柄超微粉、酶解液、食盐、蔗糖、淀粉、麦芽糊精 6 种成分通过各指标回归模型的建立，各组分间的交互作用分析，结合 Design Expert 软件的优化功能，得到优化后的菇精配方分别为：香菇柄超微粉 12.0%、酶解液 6.0%、淀粉 25.0%、食盐 4.3%、麦芽糊精 12.3%、蔗糖 6.4%。

六、菇精调味料辐照杀菌工艺

固态调味品加工最难控制的是微生物污染问题，一般灭菌方式往往使得超微粉碎技术处理菌类后所释放的风味成分遭到较大破坏，目前采用^{60}Co γ 射线辐照进行菌类调味品灭菌。采用辐照冷杀菌技术处理调味品，通过^{60}Co γ，射线杀灭其中的有害微生物，提高产品质量，使其符合食品卫生质量标准。

（一）灭菌效果及有效辐照剂量

用^{60}Co γ 射线辐照菇精调味料，含菌量随辐照剂量的增强呈下降趋势（见表 8 – 1）。经 2.8 kGy 剂量辐照后 4 天，菇精调味料中的杂菌和霉菌含量分别从 10 500 CFU/g 和 1 500 CFU/g 下降至 1 150 CFU/g 和 10 CFU/g，灭活率分别达到 89.05% 和 99.33%，可见辐照对霉菌的灭活效率较高，表明采用 γ 射线进行菇精调味料的辐照灭菌在技术上是可行的，只要选取合适的辐照剂量，便可使调味品的含菌量降低，达到相关卫生标准。

表 8 – 1　菇精调味料辐照灭菌效果

辐照剂量/kGy	灭菌效果			
	杂菌数/（CFU·g^{-1}）	杂菌存活率/%	霉菌/（CFU·g^{-1}）	霉菌存活率/%
0	10 500	100	1 500	100
2.8	1 150	10.95	10	0.67
4.2	175	1.66	<10	<0.67
5.6	110	1.05	<10	<0.67
7.0	20	0.19	<10	<0.67
8.4	5	0.047	<10	<0.67

以杂菌存活率的对数值（y）为纵坐标，辐照剂量（x）为横坐标作图即得剂量存活曲线（图 8 – 5），所得线性方程符合 $y = 2 - 0.3807x$（相关系数 $r = -0.992$），经相关性检验，其存活率与辐照剂量之间存在显著相关性。由上述关系式可计算出香菇复合调味品中杂菌 D_{10} 值为 2.63 kGy。根据辐照加工工艺允许的不均匀度范围，以辐照剂量不均匀系数 1.2 估算香菇精调味料的辐照杀菌有效剂量为 2.8 ~ 3.0 kGy。

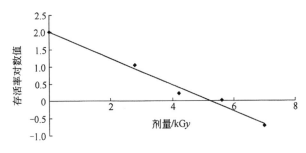

图 8 – 5　杂菌的剂量存活曲线

（二）感官评价结果

经过 2.8 ~ 5.6 kGy 剂量辐照后，菇精调味料的色泽、外形无明显改变；滋味和香味随着辐照剂量的提高而下降（见表 8-2）；当辐照剂量高于 2.8 kGy 时，滋味和香味开始逐渐减弱，不可接受度提高，当辐照剂量达到 5.6 kGy 时，鲜味和香味基本消失，表明辐照剂量过高会对成品滋味及香味的保持造成不利影响。

表 8-2　不同辐照剂量对菇精调味料感官品质的影响

辐照剂量/kGy	色泽	外形	滋味	香味
0	棕黄色	颗粒均匀，松散，无粉状物	鲜味明显	具有明显香菇风味
2.8	棕黄色	颗粒均匀，松散，无粉状物	鲜味明显	菇香味无明显变化
4.2	棕黄色	颗粒均匀，松散，无粉状物	具有一定鲜味	菇香味减淡
5.6	棕黄色	颗粒均匀，松散，无粉状物	无鲜味	菇香味消失

（三）辐照处理前后菇精调味料的主要品质指标变化

2.8 kGy 辐照剂量处理后的菇精调味料与未辐照样品相比较，其品质指标氨基态氮、呈味核苷酸二钠、总氮以及粗多糖没有发生显著变化（见图 8-6）。

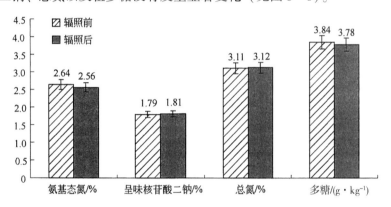

图 8-6　辐照处理前后菇精调味料品质指标比较

（四）辐照处理前后不同香菇柄样品挥发性成分变化

如表 8-3 所示，菇柄粗粉经 2.8 kGy 辐照处理后，特征挥发性成分中 1，2，4-三硫杂环戊烷、二甲基三硫醚、甲硫基二甲基二硫醚有一定程度降低，而二甲基二硫醚有所提高。菇柄超微粉经 2.8 kGy 辐照处理后，特征挥发性成分中 1，2，4-三硫杂环戊烷、二甲基三硫醚有一定程度降低，而甲硫基二甲基二硫醚、二甲基二硫醚有所提高。不同样品经2.8 kGy 辐照后，1-辛烯-3-醇均未被检出。样品经辐照后会产生一些烃类、醛类、醇类，主要是降解形成的产物，具有一些其他类型的挥发性风味。从总体来看，一定剂量辐照会降解菇柄挥发性成分中的八碳化合物和含硫化合物，改变了挥发性风味物质的成分组成。菇精经辐照处理后，香菇特征性香味成分有所减少，但感官上感觉不明显，可能是辐照过程中产生了一些新的类似的风味物质。

表 8 – 3　辐照处理前后不同香菇柄样品特征挥发性成分的 GS-MS 结果

特征挥发性成分	峰面积/（1×10^5）					
	菇柄粗粉	辐照菇柄粗粉	菇柄超微粉	辐照菇柄超微粉	菇精	辐照菇精
1,2,4-三硫杂环戊烷	12.276 2	10.527 2	15.178 8	8 379 2	2.186 5	1.873 3
二甲基二硫醚	15.481 6	17.372 5	15.942 7	16.261 5	—	—
二甲基三硫醚	20.285 3	13.647 9	17.285 7	14.355 1	—	0.387 7
甲硫基二甲基二硫醚	4.133 7	3.847 9	4.289 1	4.684 5	—	—
1-辛烯-3-醇	5.331 5	—	6.788 4	—	1.228 4	—

七、菇精调味料的中试生产

（一）生产工艺流程

粉碎→混合→制粒→干燥→筛分→包装→辐照杀菌→贮存

（二）操作要点

（1）原料，粉碎成≤80 目的细粉。

（2）混合，物料充分混匀。

（3）制粒，颗粒成圆柱形（φ1.2 ~ 1.8 mm），外形美观。

（4）干燥，控制温度及干燥时间。

（5）辐照，杀菌 2.8 kGy 剂量。

第三节　食用菌菌菇方便汤块的开发技术

随着中国经济的发展，整个社会消费正在从生存型消费转向享受型消费，食品消费呈现多层次与多样性，主要表现为对营养型食品的需求增长较快，传统单一口味的方便汤料已经不能满足人们的要求，开发风味与营养俱佳的方便汤料将具有广阔的市场前景。

从世界方便食品发展趋势来看，强调绿色健康生产，追求营养型、品牌化已然成为未来世界食用汤类产业发展的方向。作为其中之一的即食方便汤块，其产品将朝着多样化、高档化、营养保健化和方便化的方向发展。食用菌作为一类营养丰富的高蛋白食物，制成丁状物后非常适合添加在方便汤料中。但是，普通干制的食用菌不利于汤料的速溶性，而运用冷冻干燥技术，可以提高食用菌复水性的同时，还可保持色泽的均匀性以及减少营养物质的损失，食用菌中的蛋白质、氨基酸等更易被人体吸收。将漂烫处理后的食用菌辅以变性淀粉、其他脱水蔬菜以及调味料等制成方便汤料，具有重要的实际意义以及广阔的发展前景。

一、技术路线（见图8-7）

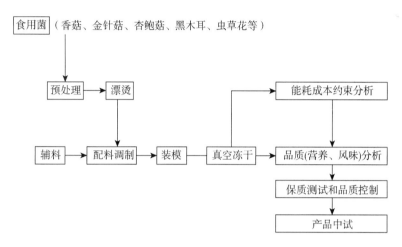

图8-7　食用菌菇方便汤块的开发技术路线图

二、食用菌营养型方便汤块的料坯制备工艺

原料经过挑选、清洗、切分、漂烫等工序，选择鲜香菇、鲜金针菇、鲜杏鲍菇、黑木耳（泡发）和鲜虫草花，仔细挑选，剔除烂菇、霉菇及其他杂质，将清洗后的香菇、杏鲍菇、黑木耳切分成 2~3 cm 长的小片，金针菇切段，注意切分要基本做到均匀一致，胡萝卜、青菜切好漂烫备用。然后，在夹层锅中加入一定比例的菇柄酶解液（菇柄酶解处理后，获得的过滤液），溶化好麦芽糊精、瓜尔胶和玉米淀粉，然后依次加入食用菌等蔬菜，最后缓缓倒入打好的蛋液，数秒后出锅，放入厚度为 10 mm 的冻干盘中，冷却至室温装入冻干仓内，设定干燥室压力 30 Pa，第一阶段设定升华温度为 -20℃ 干燥 24 h，第二阶段设定升华温度为 -10℃ 干燥 12 h，第三阶段设定加热升华温度为 40℃，根据温度趋近法判断冻干终点，最后对汤块进行感官评定。

采用均匀试验设计原理优化食用菌营养型方便汤块的配方，以感官评定为指标，采用模糊数学原理建立系统的感官评价方法，确定最优的配方为鸡蛋 186 g/L，香菇 210 g/L，杏鲍菇 30 g/L，金针菇 60 g/L，胡萝卜 85 g/L，黑木耳 25 g/L，虫草花 6 g/L，青菜 95 g/L，麦芽糊精 22 g/L，瓜尔胶 5 g/L，淀粉 48 g/L，香辛料 57 g/L。该配方中方便汤块蛋白质含量为 19.7%，总氨基酸含量为 19.36%。

三、食用菌汤块的物料特性

食用菌汤块通过真空冷冻干燥制得。在真空冷冻干燥过程中，物料冻结最终温度是影响真空冷冻干燥物料质量及能耗的重要因素。物料冻结最终温度过低，会在冻干生产中造成能源的不必要浪费；相反，物料冻结最终温度制定过高时，局部未冻结牢固，易使局部升温，从而导致局部发生融化现象。因此，选择合适的物料冻结温度是真空冷冻干燥工序中首先应确定的重要参数之一。在冻结过程中，物料的共晶溶液完全结冰的温度称为共晶点，与其相对应的完全冻结的溶液温度升高到冰晶开始融化时的温度称为共熔点。共晶点和共熔点是真空冷冻干燥工艺中的重要参数，对确定冻结温度和升华温度具有十分重要的意义。

食用菌汤块经制样处理后，放入差示扫描量热仪（DSC）中测定，在从 $20 \sim -60$℃的降温过程中，在 $-10.1 \sim -15.7$℃有一个比较窄的放热峰，在从 -60℃到 20℃的升温过程中，在 $-3.2 \sim 8.5$℃有一个比较宽的吸热峰。由于物料在结晶过程中要放出大量的相变潜热，由此可从图 8 - 8 中判断出汤块的共晶点温度在 -15.7℃左右，因为在 -15.7℃之前有一个很明显的放热峰。由于物料在融化过程中要吸收大量相变潜热，由此可从图 8 - 8 中判断出共熔点温度在 -3.2℃左右，因为从 -3.2℃开始有一个明显的吸热峰。不过该共晶点和共熔点温度都是在常压下经过制样处理测得的。此外，冻结终止点为 -15.7℃，因制样处理过程中被处理的食用菌物料经打浆处理取微量测定所得，其结果可以作为确定共晶点温度和的重要参考值，同理，共熔点观测值为 -3.2℃，以作为控制升华温度的重要参考值，而食用菌汤块的冻干应结合实际综合考虑产品物性特点和加工工艺等因素来确定混合物料的预冻温度。因为在实际制备过程中，添加其中的胶体物料形成了较好的凝胶网络，使得菌汤中的自由水分减少；同时盐使汤料的结晶点降低，不易形成晶核心，使得结晶点降低；调味料的添加使蔬菜汤料的冻结点下降，调味成分与水分子结合，也减少了蔬菜汤料中自由水的比例。而汤料的共晶、共熔温度与汤料含胶量、含盐浓度有关，它们之间的具体规律比较复杂，有待进一步研究。

四、风味成分分析

食用菌是制作汤料的重要原料，汤的风味是评价汤的品质的重要指标。运用顶空-固相微萃取-气质联用（SPME-GC-MS）分析可知：在汤块制作过程中冻干前后风味成分的变化，主要表现为有一些菇类的特征性成分醇类、硫醚类和一些酮类物质在冻干沸水冲泡后较之前有显著增加，如甲硫醇、二甲基三硫醚、3-辛烯-2-酮、2-庚烯醛、2，4-癸二烯醛等，总体上，汤块料坯经冻干工艺制备后，经沸水冲泡，有利于风味物质的充分释放，风味分析为冷冻干燥制备菇菌汤的质量控制、工艺优化提供了理论基础。

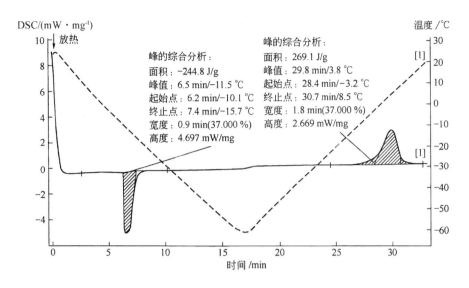

DSC/(mW·mg⁻¹)

峰的综合分析：
面积：-244.8 J/g
峰值：6.5 min/-11.5 ℃
起始点：6.2 min/-10.1 ℃
终止点：7.4 min/-15.7 ℃
宽度：0.9 min(37.000 %)
高度：4.697 mW/mg

峰的综合分析：
面积：269.1 J/g
峰值：29.8 min/3.8 ℃
起始点：28.4 min/-3.2 ℃
终止点：30.7 min/8.5 ℃
宽度：1.8 min(37.000 %)
高度：2.669 mW/mg

温度/℃

时间/min

图 8 - 8　食用菌汤块制样处理后 DSC 测定结果

五、真空冷冻干燥工艺研究

冻干工艺优化和调控过程参数的关键是缩短冻干时间，降低能耗。在降低能耗的基础上缩短冻干时间、提高冻干品质，是真空冷冻干燥领域研究的核心。在进行干燥动力学研究时，需要考虑微观结构变化对干燥过程传质动力学的影响，在制定干燥操作条件时，应考虑此微观孔隙结构变化对干燥工艺的影响，特别是干燥后物料内残余水分的控制。冻干工艺研究主要集中在冻干过程中物料过程参数的研究。通过大量试验研究，找出各参数对冷冻干燥过程的影响规律，为进一步研究冷冻干燥工艺及冷冻干燥过程创造了前提条件。当设备条件一定的情况下，需要分析的因素主要有料盘内物料厚度、预冻温度、升华阶段加热温度、升华阶段加热时间、最佳水分转换点。其中最佳水分转换点是升华干燥阶段的结束和解吸干燥阶段的开始。

（一）预冻阶段

1. 预冻温度

在冻干过程中，单位面积料盘上的被干燥物料的湿装载量是决定冻干能耗的关键因素。汤块的厚度薄，传热传质速率快，干燥时间短，而不利之处是汤块厚度薄使得单位面积上干燥物料少，降低了设备产能。厚度较小时，降温速度比较快，厚度较大时，降温速率较慢，不同厚度对最终的冻结温度影响不大。最终的冻结温度可达 -34℃，为了使得汤块中的水分完全冻结，预冻温度一般要求低于物料共晶点温度为 5~10℃，再考虑盐分和胶体对自由水的束缚作用的影响，并结合 DSC 分析可知，预冻温度设定为 -35℃。

2. 物料厚度

从图 8 - 9 可知，随着冻干时间的延长，不同厚度的物料在 - 12 ~ 0℃ 范围内，曲线斜率变小，降温速率降低，因为汤块物料中含有不同原料成分，具有不同的热焓，并且在冰点以下的降温过程中具有不同潜热，展现出一种热力学动态平衡状态下的宏观特征。厚度小达到最终冻结温度所用时间短，厚度大，相应的时间延长，综合考虑冻干能耗和生产能力，选择厚度为 15 mm 较为合适。同时，共晶曲线也反映了冻结速率的变化，可为我们制定合理的冻结工艺提供参考。

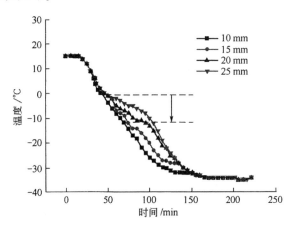

图 8 - 9 不同装盘厚度对汤块预冻温度的影响

(二) 升华阶段

1. 加热温度的分析

预冻完成后，要抽真空，达到一定的真空度后，开始确定升华阶段的加热温度。以干燥仓内压力 25 Pa 例，升华阶段真空度越高，传质速率越快，水分升华速率越快，而传热速率越低，传热方式逐步从热辐射和热传导变为主要依靠热传导为主，升华阶段以除去汤块中的自由水为主，所以工艺设置以促进传质优先，设定较高真空度主要是加快升华阶段水分的蒸发，缩短工作时间。加热温度高，可以降低冻干的能耗和缩短冻干时间，提高生产率，降低生产成本。但是，温度升高到一定程度，汤块的已干层会失去刚性，变得具有黏性，发生类似于塌方的情况，称为崩解现象。所以选择合适的加热温度至关重要。实际操作中要考虑到设备的控温误差以及温度波动影响，经过实验选定 - 10℃ 为加热温度最好，避免汤块产品发生崩解，同时达到减少制冷量、降低能耗的目的。

2. 升华阶段加热时间的分析

从 1 110 min 开始加热，加热温度提高到 40℃。选择 40℃ 首先是设备的参数要求，其次是制品温度高于室温，有利于后续包装和储藏，物料进入解吸干燥阶段后，剩下的是部分未冻结的自由水和结合水，这部分水分的去除需要升高物料的温度，由于在高温下水分扩散速率及水分蒸发的传热推动力也较大，因此在干燥后期使用较高的物料温度可提高物料的干燥速率。从图 8 - 10 可知，从 1 138 min 开始逐步升温，至 1 150 min 逐渐进入熔点区，至 1 196 min 后已全部熔化，进入了线性升温区，发生了崩解现象。

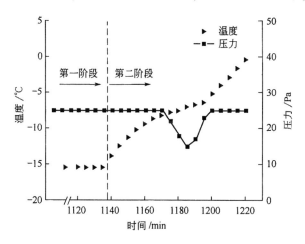

图 8 - 10　升华时间的确定（崩解现象）

由图 8 - 11 可知，第一阶段加热时间进行到 1 148 min 后，温度开始缓慢上升，一直持续至 1 425 min，温度接近 40℃，此为汤块的解吸阶段。水分含量较低时，其介电常数较小，温度上升比较缓慢。冷冻干燥到了后阶段，由于汤块中剩余的主要是结合水，蒸发没有冻结的水分，干燥速率明显下降，要想除去这部分水分需要更长的时间及更大的耗能，因此合理控制解吸阶段的升温过程对冻干生产更具有实际意义。

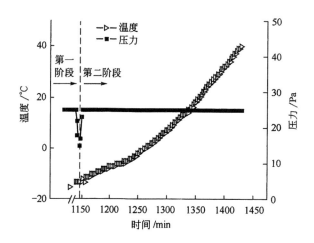

图 8 - 11　升华时间的确定（第二次加热温度为 40℃）

3. 解吸阶段的分析

解吸阶段提高汤块物料温度上限也不是越高越好，温度高虽然能减少干燥时间，但对产品品质却常会产生不利影响。解吸阶段一次性将温度设定在40℃，升温较快，但从实际生产角度来看，极易造成干燥仓中局部区域的汤块产品受热不均匀，还容易造成后期产品的焦化，所以，在干燥后期要特别注意控制温度，防止"热失速"现象的发生，使物料发生焦煳现象。以干燥时间、能耗和品质为评价指标得出最佳冻干工艺条件为：−10℃→2.5℃ （70 min），2.5℃→15℃ （70 min），15℃→27.5℃ （70 min），27.5℃→40℃ （144 min）。

六、汤块的储藏期性及货架期分析

在食品工业方面较为常见的储存期预测方法为食品储存期加速货架期测试 （accelerated shelf life testing，ASLT）。应用化学动力学来量化外来因素 （温度、湿度、气压和光照等）对变质反应的影响力，通过控制食品处于1个或多个外在因素高于正常水平的环境中，变质的速度将加快或加速，在短于正常时间内就可判定产品是否变质。因为影响变质的外在因素可以量化，而加速的程度也可通过计算得到，因此可以推算产品在正常储存条件下实际的储存期。

通过 ASLT 实验分析得到：汤块相对湿度越大，汤块产品的吸湿性也就越强。随着储藏时间的延长，总氮含量基本没有变化。但是，随着储藏时间的延长，储藏温度越高，汤块的水分含量升高越快，感官品质下降越快。4℃储藏条件下的汤块水分含量以及感官评分变化较小；而27℃储藏后期汤块水分含量有所上升且感官评分有所下降；并且37℃储藏后期汤块水分含量上升和感官品质下降较快。此外，以感官品质和复水指数分析结果预测了汤块的货架期为19个月，即汤块在19个月内基本保持了该产品的属性。

七、真空冷冻干燥设备

该冻干设备是湖北省农业科学院农产品加工与核农技术研究所与江阴新申宝科技有限公司联合开发的中试型真空冻干设备。冷冻干燥机由冷阱、干燥室、制冷系统、真空系统、加热搁板系统、电气控制系统等组成。主要配置为 Bitzer-S6H-20.2-40P 单机双级压缩机，2X2-15D 直联旋片式真空泵2台，ZJ-150 罗茨泵1台，泵组抽速150 L/s；温度和压力探头为 Pt-100 铂电阻。

该设备 （见图8−12） 主要技术参数如下：
(1) 有效干燥面积 （m^2） 10。
(2) 最大捕水量 （kg/h） 160。
(3) 物料温控 −50~50℃。
(4) 真空抽气速率大气压→10 Pa≤20 min。
(5) 冷却水 （<25℃） 流速 （T/h） 20。
(6) 总功率 （kW） 56。

（7）板层降温参数 20 ~ -40℃ ≤60 min。

（8）操作方式自动控制或手动控制。

图 8 - 12 冷冻干燥机设备

八、中试能耗及成本分析

冷冻干燥主要缺点之一是其干燥时间长，由此导致了干燥的高能耗和高成本。干燥时间长的主要原因是在真空条件下提供升华热使得冻干过程的传热传质较慢。冷冻干燥是一个非常复杂的过程，是热量、质量和动量交互影响的复杂传递过程，它不仅受干燥方式及干燥条件的影响，还随物料种类内部结构、物理化学性质及外部形状不同而存在鲜明的差异。关于能耗计算，一些研究者从对研究对象的基本传质传热特性分析出发，来构建冻干过程热力学模型，以便完成所涉及的能耗计算；另一些研究者则是关注工艺参数对总能耗的影响，其研究注重理论推理和实验室水平的结果验证，而实试验研究出来的结果在实际应用中存在诸多问题。根据冻干技术制备食用菌即食汤块过程中操作实践、能耗组成以及设备运行记录进行了能耗分析。经测算可知：单位脱水能耗为 6.79 kW·h/kg，产品产出耗能为 35.63 kW·h/kg，即每得到 1 kg 的冻干汤块需要消耗 35.63 kW·h 的电能。冻结水分以及凝结水汽和提供干燥所需热量在整个过程耗能中占比极大。为合理控制加工时间与能耗和扩大化工业生产提供实践及理论基础。经成本分析可知，食用菌汤块产品在保持较好品质的同时，其中试成本较低，具有较好的应用开发前景。

第四节 食用菌果糕片的开发技术

果糕是新一代的果蔬加工制品，也是一种新型的功能性休闲食品，是以水果为主要原料，经过粉碎/打浆，添加辅料，再经熬煮、调味、烘制等工艺重新凝胶制成的一类即食休闲食品。果糕加工能保留水果的大部分营养，形成一种不加淀粉、不含化学色素、不含香精及其他化学合成物质、高果浆含量的健康营养水果制品。

在食品类别中果糕属于水果制品中的蜜饯，而非糕点类。可用于果糕加工的原料有南酸枣、脐橙、柚子、梨、菠萝、红枣、桃、李、杏、苹果、猕猴桃、山楂等水果以及南瓜、胡萝卜、红薯、紫薯、土豆等蔬菜类。目前，我国研究人员对以不同原料生产果糕的工艺进行了研究，并取得了相应的成果，研制出凤梨南瓜果糕、胡萝卜果粒果糕、番石榴果糕、沙田柚果糕、胡萝卜山楂复合果糕、菠萝南瓜果糕等多种果糕产品。市售的系列果糕产品有六十余个品种，根据产品含糖量不同可分为普通型、低糖型、无糖保健型三大类，但目前市场上大多数果糕为普通型，其中总糖含量超过50%，限制了产品的受众人群。

随着人们保健意识的增强，具有保健功效的糕点产品逐渐得到关注。食用菌是集营养、保健于一体的绿色健康食品，具有较高的食用和药用价值，具有低热量、低脂、高蛋白等特点，符合现代快节奏生活方式下科学饮食、平衡营养的消费需求，是果糕制备的优质原料。以食用菌和果蔬为基础，通过营养复配、功能强化、配方调控以及生产工艺改进，可制备出营养丰富并能凸显菌类特色及优势的功能型低糖食用菌果糕片，丰富和提高了果糕的种类和保健功效，可以满足更多消费者的需求。

一、技术路线（见图8-13）

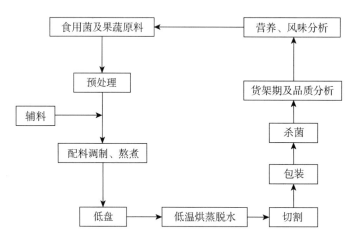

图8-13　食用菌果糕片的开发技术路线图

二、原料粉碎技术

目前，在食品工业中物料的粉碎方法大致可分为湿法和干法两种。干法粉碎得到的物料细度分布均匀、粒径小，主要用于干燥原料的粉碎。含水量高的原料，例如果蔬等常使用湿法粉碎。在果糕制备过程中用于干燥原料粉碎的设备主要是超微粉碎机，而胶体磨是当前食品生产中用于物料湿法粉碎的最常用设备。此外，为提高食用菌及果蔬等原料中营养和活性物质的高效释放，减少粉碎过程中对营养物质的破坏，除常规的胶体磨，还可选用闪式提取器作为主要粉碎设备，用于含水原料的粉碎。

（一）超微粉碎

粉碎是脆性物料加工中最初必不可少的重要阶段。超微粉碎技术是利用机械或流体动力的方法，将物料颗粒粉碎至微米级甚至纳米级微粉的过程，是 20 世纪 70 年代以后，为适应现代高新技术的发展而产生的一种物料加工高新技术。超微细粉末具有一般颗粒所没有的特殊理化性质，如良好的溶解性、分散性、吸附性、化学反应活性等。此外，超微粉碎可增强原料有效成分在体内的吸收，提高生物利用度，增强药效，并能保留原料的属性和功能，提高产品品质，降低原料添加量并便于开发新剂型。因此，超微细粉末已广泛应用于食品、化工、医药、电子及航空航天等许多领域。

（二）胶体磨

胶体磨是利用一对固定磨体与高速旋转磨体相对运动产生强烈的剪切、摩擦、冲击等作用力，使被处理的浆料被有效地研磨、粉碎、分散、均质。生产中胶体磨定子与转子的间隙调节范围通常在 0.005～1.5 mm，转速高达 3 000～15 000 r/min。利用胶体磨将果蔬原料多次研磨，可实现物料的有效粉碎和均质，制成细腻的果蔬浆（或酱），用于果糕的制作。此外，胶体磨还可用于芦荟、果茶、冰激凌、奶油、果汁、豆奶、乳制品、麦乳精、香精等多种食品的加工。

（三）闪式提取器

闪式提取器由高速电机、组织破碎头和控制系统三部分组成，结构设计简洁、紧凑、合理，便于操作（见图 8-14）。其工作的主要部分是组织破碎头，组织破碎头的设计充分吸收了用于组织匀浆化的均质器的优点，避免了普通组织捣碎机的无法均匀将样品匀浆化的弊端。单刀切碎刀头由内刀和外刀组成，工作时内刀在高速电机的带动下由控制系统调节其速度，在外刀腔内高速旋转，使整个体系处在一个高速动态的环境中，最高运转速度可达到 10 000 r/min。

工作时基于组织破碎原理，依靠高速机械剪切力和超动分子渗滤技术，在室温及溶剂存在的情况下，使通过破碎而充分暴露的物质分子（营养及活性成分）在负压、剪切、高速碰撞等各种外力作用下被溶剂分子包围、解离、溶解、替代、脱离，在数秒内把植物的根、茎、叶、花、果实等物料破碎至细微颗粒，并使有效成分迅速达到组织内外平衡，能最大限度地保护植物有效成分，不会受热破坏，适用于食品中营养和活性物质的释放和保持。

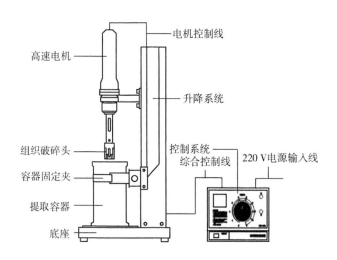

图 8 – 14　闪式提取器结构示意图

三、增稠剂

果糕的制备是果蔬浆/粉等重新凝胶制成的一个过程，胶凝的完成需要添加食品添加剂——增稠剂。增稠剂有增稠、凝胶、乳化和稳定等作用，可改善食品品质和产品外观，提供给食品丰富的口感。常见的增稠剂有淀粉、琼脂、黄原胶、瓜尔胶、刺槐豆胶、卡拉胶、阿拉伯胶和纤维素衍生物等。

不同的增稠剂其增稠程度和凝胶特性存在一定差异，如琼脂具有良好的增稠性、保形性、胶凝性、稳定性、成膜性，在糖果业中主要依靠其凝胶特点制作软糖，具有含水量高、透明、柔软、有弹性、货架期长的特点；卡拉胶在加热后慢慢冷却过程中，可形成立体网状结构，较低浓度时加热可形成可逆性凝胶，具有较好的透明性，是果冻生产中最常见的增稠剂，与刺槐豆胶、明胶、黄原胶和阿拉伯胶等复配时，凝胶强度和弹性均可得到显著提高；黄原胶具有很高黏度及溶于冷水的特性，在软饮料的生产中广泛应用。此外，还具有很好的兼容性，与其他增稠剂同时使用会有增效作用；瓜尔胶遇冷水或热水均能成黏稠状，在果浆中能保持制品均匀分布，通常在饮品中采用复配的方式来改善产品品质，与黄原胶、果胶等进行一定比例复配均能达到产品最佳稳定效果；等等。因此，在食品生产加工中常采用两种或两种以上食品增稠剂的协同作用，从而达到产品所需要的最佳效果。

在果糕制备过程中需根据原料差异，选择不同的复合增稠剂（胶凝剂）实现果糕的成型。通过比较添加浓度为 2% 的黄原胶、明胶、琼脂、卡拉胶和瓜尔胶凝胶状态，之后筛选用于黑木耳红枣菌糕制作的胶凝剂。并对其设定添加量为 2%，比例分别为 5∶5∶1、8∶5∶1、10∶5∶1 和 5∶8∶1 复合胶凝剂（卡拉胶∶琼脂∶瓜尔胶）制得的果糕物性进行比较，确定最佳复合凝胶配比为卡拉胶∶琼脂∶瓜尔胶 = 10∶5∶1。在苹果山楂复合果糕制作中，选择羧甲基纤维素钠（CMC）、黄原胶、卡拉胶为胶凝剂考察对象，设计单一用胶、复配用胶 18 种配比组合方案，按添加量 0.3% 加入混合果浆进行胶凝剂种类试验，最终确定最优组合为 CMC：黄原胶：卡拉胶 ＝ 1：1：1，添加量为 0.3%。在魔芋果糕加工中，通过添加卡拉胶来增加魔芋粉的凝胶特性，开发生产魔芋果糕新产品，最佳配比是卡拉胶和琼脂共混比例为 7：3，此时硬度和弹性最大。以综合感官评定结果为指标，以卡拉胶、琼脂、明胶、魔芋胶制作番木瓜果糕，确定添加卡拉胶 1.0%、琼脂 0.6%、明胶 0.2%、魔芋胶 0.2% 可制作出品质和口感较好的番木瓜果糕。因此，在果糕生产过程中，可以根据原料特点，选择两种或两种以上的增稠剂以满足产品品质的需求。

四、烘干工艺

烘干是果蔬糕生产中极为重要的一个环节。倒盘成形后的果糕含水量较高，口感较差，需要干燥脱水以提升产品弹性、韧性等，并减少后期储存过程中因水分含量过高引起的污染。目前研究报道中果糕烘干常用的方式为热风干燥，在实际生产中常采用更为方便、节能的空气能高温热泵烘干设备。

（一）热风干燥

目前，大部分果糕在研发初期采用传统热风干制生产工艺，为控制烘干温度过高或时间过长给产品带来的美拉德反应，因水分散失过快导致的表皮皱缩、口感变硬、弹性变差等品质劣变，不少研究者对热风干制过程中的温度和时间进行了优化。

在红枣枸杞复合果糕烘制工艺中，设定烘干温度分别为 40℃、45℃、50℃、55℃、60℃，烘干 15 h，正面干燥 8 h，反面干燥 7 h，对产品品质进行比较分析，确定红枣枸杞复合果糕的最适烘干温度为 45℃，总共干燥 15 h。设定烘干温度分别为 40℃、45℃、50℃、55℃，以刺槐花复合果糕的产品烘干时间、色泽、形态质地等指标进行评价比较，优化确定产品烘烤温度为 50℃，烘烤时间为 19 h，所制得的产品弹性适宜、质地均匀、酸甜适中、爽滑可口、风味优良。根据试验以黑木耳红枣菌糕中含水量在 18%～20% 的为烘干重点，比较了 55℃、60℃、65℃、70℃ 4 个烘制温度对果糕品质的影响，确定烘干温度为 60℃，每 1 h 翻动一次所干制的产品口感和风味最佳。

（二）空气能高温热泵烘干

为加快果糕烘干过程中的热量散失，并保证在较低温度下完成烘干过程，许多设备生产厂家设计生产出一类空气能高温热泵烘干机用于果糕的烘制。该设备是一种新型节能的烘干机，其根据逆卡诺循环原理，采用少量的电能，利用压缩机，将工质经过膨胀阀后在蒸发器内蒸发为气态，并吸收空气中的大量热能，气态的工质被压缩机压缩成为高温、高压的气体，然后进入冷凝器放热，把干燥介质加热，如此不断循环加热，可以把干燥介质由常温加热至85℃。设备采用高效转轮除湿机加负压风机，除湿效果好，风量大，风速高，可以将物料表面的水分快速去除，避免水汽停留在物料表面而影响产品质量。相对电热烘干机而言，可节约35%~60%的电能，且设备无"三废"排放，是适用于工业化生产的节能环保的烘干设备。

五、杀菌工艺

（一）化学防腐

果糕的水分、糖分含量较高，易受到微生物污染，在工业化生产中，生产厂家大多选择添加化学防腐剂来延长保质期。市场上的防腐剂种类很多，其中山梨酸钾且因其价格较为低廉，在食品加工中应用非常普遍。山梨酸钾属于酸性防腐剂，配合有机酸使用其防腐效果会有所提高，且在实现防腐效果的同时还能保持原有食品的风味。此外，还有单锌酸甘油酯、纳他霉素和乙二胺四乙酸二钠等。其中，单辛酸甘油酯是一种新型无毒、高效、广谱防腐剂，20世纪80年代首先由日本开发成功并投放市场，由于其在人体内不会产生不良的蓄积性和特异性反应，是安全性很高的物质，其使用量没有限制；纳他霉素，是由链霉菌发酵产生的安全、天然、健康的食品添加剂，既可广泛有效地抑制各种霉菌、酵母菌的生长，又能抑制真菌毒素产生；乙二胺四乙酸二钠具有较强的络合作用，能阻止食品储藏过程中的氧化还原反应，与其他保鲜剂相比，成分单一，无隐形有害物质，是一种安全型保鲜剂。

为筛选最佳的防腐剂，在红枣山楂果糕的保鲜试验中选用4种生产中常用的评价较好的防腐剂山梨酸钾、单锌酸甘油酯、纳他霉素和乙二胺四乙酸二钠，通过比较不同时间菌落总数变化，发现经各防腐剂处理的样品菌落总数均明显下降，而且随着处理浓度的增高，抑菌效果变强。在4种防腐剂中，以单锌酸甘油酯的抑菌效果最为显著，其极高的安全性也普遍被国际认可；其余3种防腐剂的效果差异不大，但纳他霉素作为一种天然防腐剂，显然更具有优势，更容易被大众所接受。

（二）物理方法杀菌

虽然正确适量地使用防腐剂，不仅无害，还能有效降低生产成本，避免污染，但由于部分消费者将食品添加剂等同于"非法添加剂"的观念根深蒂固，使得消费者在选择产品的时候对含防腐剂的产品避而远之。因此，食品生产厂家还需要选择其他物理方式来控制产品腐败，以保证产品品质并提高产品货架期。

目前，已有研究采用超声、微波、辐照等物理方法杀菌对果糕产品进行杀菌，并通过不同杀菌方式对果糕菌落总数和感官品质，以及对储藏期间果糕品质的影响来确定最佳工艺参数。

利用微波杀菌工艺，通过分析微波功率、杀菌时间、糕体厚度对三华李果糕品质的影响，确定最佳杀菌工艺为微波功率 480 W、杀菌时间 50 s，且糕体厚度为 0.4 cm 最佳，此时不会因微波杀菌时果糕中水分快速蒸发而出现焦煳现象。在最佳杀菌工艺条件下，制得的果糕呈红棕色，光泽度好，具有浓郁的原果风味，并带有淡淡的焦香味，酸甜适口，弹性有嚼劲。

在优化南瓜香蕉果糕的制备工艺基础上，为延长产品货架期，探讨了微波、冷冻微波、超声波三种不同的杀菌工艺对产品贮藏期间质构和色差品质的影响。通过试验发现微波、冷冻微波、超声波 3 种杀菌工艺都会对南瓜香蕉果糕色泽产生肉眼可见的影响，其中冷冻微波杀菌后色泽变化最为显著，果糕更加明亮，色泽更加饱满。但经微波杀菌后的南瓜香蕉果糕硬度整体偏高，冷冻微波杀菌可以有效缓解微波杀菌造成南瓜香蕉果糕硬度增加的趋势，样品的硬度最低。从咀嚼性指标来看，3 种杀菌工艺均会引起南瓜香蕉果糕在低温储藏期间咀嚼性的波动，其中冷冻微波杀菌工艺引起的波动最小，果糕的质构特性较稳定，表明冷冻微波杀菌较适宜南瓜香蕉果糕的杀菌处理。在冷冻室冷冻 4 h 后，在 2 450 MHz 的微波低火环境下处理 30 s 的杀菌工艺后得到的南瓜香蕉果糕色泽鲜艳自然，软硬适度且富有弹性，酸甜适度，口感风味俱佳。

对不添加防腐剂的黑木耳红枣糕和杏鲍菇鲜橙糕采用 ^{60}Co γ 射线进行杀菌处理，结合果糕类食品安全国家标准要求，以最大剂量斜率法确定两种产品辐照剂量均为 2 kGy 辐照。并在 25℃、湿度 60% 条件下对两种果糕的货架期进行了预测，确定货架期分别为 571 天和 504 天，比目前市售果糕的货架期（12 个月）还长，表明辐照技术在果糕杀菌保鲜中具有一定的应用前景和价值。

六、食用菌果糕制备工艺及中试生产

（一）食用菌果糕片制备工艺

工艺流程如下：

食用菌/果蔬→清洗→处理（去蒂/去核）→粉碎/打浆→混合→煮制调味→倒盘→冷却→烘制→切片→包装→成品→杀菌

辅料（增稠剂、柠檬酸、木糖醇）

（二）产品中试及产业化

工业化生产中需要用到夹层锅对混合物料进行熬煮，倒盘后放入空气能热泵烘干设备中进行干制，通常温度控制在 40℃ 以下，以减少美拉德反应对果糕色泽造成的影响。烘干后水分含量控制在 12%～15%，双面覆盖糯米纸后，置专用的切块机上根据实际需要切成大小不同的片状或块状，在自动包装生产线上完成包装。添加防腐剂的产品需要在一定的条件下进行物理杀菌（一般采用辐照杀菌），经出厂检验合格后便可上市销售。

参考文献

［1］高新成．食用菌加工技术［J］．现代农业科技，2011（3）：2.

［2］陈启武．食用菌加工技术［M］．北京：中国农业科技出版社，1993.

［3］陈晓宇．食用菌加工之干制加工技术［J］．中国科技博览，2009（7）：1.

［4］李勇．食用菌加工技术与配方的创新研究探讨：评《食用菌深加工技术与工艺配方》
［J］．中国食用菌，2020，39（4）：1.

［5］刘静波．食用菌加工技术［M］．2版．长春：吉林出版集团有限责任公司，2010.

［6］严奉伟，严泽湘，王桂桢．食用菌深加工技术与工艺配方［M］．北京：科学技术文
献出版社，2002.

［7］张胜．食用菌产品加工技术：上［J］．农村新技术：加工版，2009（10）：3.

［8］魏润黔．食用菌实用加工技术［M］．北京：金盾出版社，1996.

［9］黄蓓蓓．食用菌食品加工技术探析［J］．粮食流通技术，2019，000（011）：60 -
62，65.

［10］李华佳，单楠，杨文建，等．食用菌保鲜与加工技术研究进展［J］．食品科学，
2011，32（23）：5.

［11］谢宝贵，吕作舟．食用菌贮藏与加工实用技术［M］．北京：中国农业出版
社，1994.

［12］陆中华，陈俏彪．食用菌贮藏与加工技术［M］．北京：中国农业出版社，2006.

［13］邓红．食用菌栽培与加工技术［M］．北京：中国轻工业出版社，2000.

［14］陈君琛．食用菌加工现状与发展趋势［J］．农业工程技术：农业工程技术，2013
（10）：5.

［15］殷莉．食用菌实用加工技术［J］．农业工程技术：农业工程技术，2013（9）：2.

［16］黄蓓蓓．食用菌食品加工技术探析［J］．现代食品，2019（11）：4.

［17］李春银．食用菌干制加工技术［J］．农技服务，2006（12）：2.

［18］邢作山，李洪忠，陈长青，等．食用菌干制加工技术［J］．中国食用菌，2009（3）：2.

［19］王文柏．食用菌休闲食品加工技术［J］．农村新技术：加工版，2009（2）：4.

［20］徐鑫．食用菌系列休闲食品加工技术［J］．食用菌，2008（6）：2.

［21］顾振新．食用菌盐渍加工技术［J］．江苏食用菌，1993（2）：2.

［22］吕作舟，蔡衍山．食用菌生产技术手册［M］．北京：中国农业出版社，1992.

［23］关健，陈学玲，薛淑静，等．食用菌加工研究进展与展望［J］．河北农业科学，2008，12（1）：3.

［24］邢作山，李洪忠，陈长青，等．食用菌干制加工技术［J］．中国食用菌，2009（3）：56-57.

［25］陶佳喜，肖全福，蔡三元，等．食用菌香菇烘干加工技术［J］．食品科技，2003（4）：3.